3年

実力アップ

計算
練習ノート

特別 ふろく

計算力がぐんぐんのびる！

このふろくは すべての教科書に対応した 全教科書版です。

JN058735

年	組	名前

「計算練習ノート」はとりはずして使用できます。

1 かけ算のきまり

🍓 □にあてはまる数を書きましょう。

1つ6〔48点〕

① 8×3＝3×□＝□

② 4×7＝7×□＝□

③ 5×2＝2×□＝□

④ 3×1＝1×□＝□

⑤ 9×5＝9×4＋□

⑥ 9×5＝9×6－□

⑦ 6×8＝6×7＋□

⑧ 6×8＝6×9－□

🍌 計算をしましょう。

1つ5〔20点〕

⑨ 0×8

⑩ 7×0

⑪ 0×0

⑫ 5×0

🍒 □にあてはまる数を書きましょう。

1つ8〔32点〕

⑬ 7×5 ⎨ 3 ×5＝□ / □ ×5＝□ ⎬ あわせて □

⑭ 10×9 ⎨ 6×□＝□ / 4×□＝□ ⎬ あわせて □

⑮ 13×4 ⎨ 8×□＝□ / □ ×4＝□ ⎬ あわせて □

⑯ 15×6 ⎨ 10×□＝□ / □ ×6＝□ ⎬ あわせて □

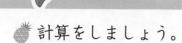

2 わり算 (1)

時間 20分

🍍 計算をしましょう。

1つ5〔90点〕

① $18 \div 2$　　　　　　② $32 \div 8$

③ $45 \div 9$　　　　　　④ $6 \div 3$

⑤ $24 \div 8$　　　　　　⑥ $30 \div 6$

⑦ $35 \div 5$　　　　　　⑧ $27 \div 9$

⑨ $12 \div 3$　　　　　　⑩ $16 \div 2$

⑪ $8 \div 1$　　　　　　⑫ $4 \div 4$

⑬ $36 \div 6$　　　　　　⑭ $63 \div 7$

⑮ $8 \div 4$　　　　　　⑯ $7 \div 1$

⑰ $49 \div 7$　　　　　　⑱ $30 \div 5$

🍇 色紙が45まいあります。5人で同じ数ずつ分けると、1人分は何まいになりますか。

1つ5〔10点〕

式

答え (　　　　　　　　)

3

3 わり算 (2)

🍎 計算をしましょう。　　　　　　　　　　　　　　　　1つ5〔90点〕

① $14 \div 2$ 　　　　② $40 \div 5$

③ $56 \div 7$ 　　　　④ $36 \div 4$

⑤ $5 \div 1$ 　　　　⑥ $40 \div 8$

⑦ $16 \div 4$ 　　　　⑧ $24 \div 6$

⑨ $7 \div 7$ 　　　　⑩ $63 \div 9$

⑪ $9 \div 3$ 　　　　⑫ $42 \div 6$

⑬ $9 \div 1$ 　　　　⑭ $15 \div 5$

⑮ $12 \div 2$ 　　　　⑯ $21 \div 3$

⑰ $72 \div 8$ 　　　　⑱ $36 \div 9$

🍓 35こあるあめを、1人に7こずつ分けると、何人に分けられますか。

式　　　　　　　　　　　　　　　　　　　1つ5〔10点〕

答え（　　　　　　）

4

 4　時こくと時間

 時間 **20** 分

🍇 □にあてはまる数を書きましょう。　　　　　　　　1つ6〔48点〕

❶　1時間＝ _____ 分

❷　2分＝ _____ 秒

❸　3時間20分＝ _____ 分

❹　150分＝ _____ 時間 _____ 分

❺　1分55秒＝ _____ 秒

❻　105秒＝ _____ 分 _____ 秒

❼　4分38秒＝ _____ 秒

❽　196秒＝ _____ 分 _____ 秒

🍎 次の時こくをもとめましょう。　　　　　　　　1つ10〔20点〕

❾　3時30分から50分後の時こく

（　　　　　　　　）

❿　5時20分から40分前の時こく

（　　　　　　　　）

🍓 次の時間をもとめましょう。　　　　　　　　1つ10〔20点〕

⓫　午前8時50分から午前9時40分までの時間

（　　　　　　　　）

⓬　午後4時30分から午後5時10分までの時間

（　　　　　　　　）

🍌 国語を40分、算数を50分勉強しました。あわせて何時間何分勉強しましたか。　　　　　　　　1つ6〔12点〕

式

答え（　　　　　　　　）

5 たし算とひき算 (1)

時間 20分

とく点

/100点

🍉計算をしましょう。

1つ6〔54点〕

① 423＋316

② 275＋22

③ 547＋135

④ 680＋241

⑤ 363＋178

⑥ 459＋298

⑦ 570＋176

⑧ 667＋38

⑨ 791＋9

🍍計算をしましょう。

1つ6〔36点〕

⑩ 837＋362

⑪ 927＋255

⑫ 693＋854

⑬ 826＋588

⑭ 982＋18

⑮ 417＋783

🍇761cmと949cmのひもがあります。あわせて何cmありますか。

式

1つ5〔10点〕

答え（　　　　　　　　）

6 たし算とひき算(2)

時間 20分

とく点

/100点

🍎 計算をしましょう。　　　　　　　　　　　　　　　　　1つ6〔54点〕

① 827−113　　② 758−46　　③ 694−235

④ 568−276　　⑤ 921−437　　⑥ 726−356

⑦ 854−86　　⑧ 573−9　　⑨ 618−584

🍓 計算をしましょう。　　　　　　　　　　　　　　　　　1つ6〔36点〕

⑩ 708−365　　⑪ 805−647　　⑫ 900−289

⑬ 300−64　　⑭ 507−439　　⑮ 403−398

🍌 917だんある階だんがあります。いま、478だんまでのぼりました。
あと何だんのこっていますか。　　　　　　　　　　1つ5〔10点〕

式

答え（　　　　　　　　　　）

7 たし算とひき算(3)

時間 20分　　とく点　　/100点

🍒計算をしましょう。

1つ6〔36点〕

① 963+357　　② 984+29　　③ 995+8

④ 1000−283　　⑤ 1005−309　　⑥ 1002−7

🍉計算をしましょう。

1つ6〔54点〕

⑦ 1376+2521　　⑧ 4458+3736　　⑨ 5285+1832

⑩ 1429−325　　⑪ 1357−649　　⑫ 2138−568

⑬ 3218−2107　　⑭ 4385−3639　　⑮ 3408−3099

🍍3845円の服を買って、4000円はらいました。おつりはいくらですか。

式

1つ5〔10点〕

答え（　　　　　　　）

8 長 さ

時間 20分

とく点

/100点

🍒 □にあてはまる数を書きましょう。

1つ7〔84点〕

① 2km= ☐ m

② 5000m= ☐ km

③ 2800m= ☐ km ☐ m

④ 4080m= ☐ km ☐ m

⑤ 3km400m= ☐ m

⑥ 5km50m= ☐ m

⑦ 400m+700m= ☐ km ☐ m

⑧ 2km600m+200m= ☐ km ☐ m

⑨ 1km700m+300m= ☐ km

⑩ 1km−400m= ☐ m

⑪ 2km−600m= ☐ km ☐ m

⑫ 3km800m−500m= ☐ km ☐ m

🍉 学校から駅までの道のりは1km900m、学校から図書館までの道のり
は600mです。学校からは、駅までと図書館までのどちらの道のりのほ
うが何km何m長いですか。

1つ8〔16点〕

式

答え (　　　　　　　　　)

9

9 あまりのあるわり算 (1)

🍌 計算をしましょう。　　　　　　　　　　　　　　　　1つ5〔90点〕

① 27÷7

② 16÷5

③ 13÷2

④ 19÷7

⑤ 22÷5

⑥ 15÷2

⑦ 79÷9

⑧ 28÷3

⑨ 43÷6

⑩ 51÷8

⑪ 38÷4

⑫ 54÷7

⑬ 21÷6

⑭ 25÷4

⑮ 22÷3

⑯ 62÷8

⑰ 32÷5

⑱ 51÷9

🍒 70本のえん筆を、9本ずつたばにします。何たばできて、何本あまりますか。

1つ5〔10点〕

式

答え (　　　　　　　　　　　　　　　)

10 あまりのあるわり算 (2)

時間 20分

とく点

/100点

🍉 計算をしましょう。

1つ5〔90点〕

① 13÷4

② 5÷3

③ 58÷7

④ 85÷9

⑤ 19÷9

⑥ 50÷6

⑦ 19÷3

⑧ 26÷5

⑨ 13÷8

⑩ 30÷4

⑪ 26÷3

⑫ 46÷8

⑬ 44÷5

⑭ 11÷2

⑮ 9÷2

⑯ 35÷4

⑰ 27÷6

⑱ 22÷7

🍍 あめが60こあります。1ふくろに8こずつ入れていきます。全部のあめをふくろに入れるには、何ふくろいりますか。

1つ5〔10点〕

式

答え (　　　　　　　　　)

11　１けたをかけるかけ算 (1)

時間 20分

🍇 計算をしましょう。　　　　　　　　　　　　　　　　　　１つ6〔54点〕

① 20×4　　　② 30×3　　　③ 10×7

④ 20×5　　　⑤ 30×8　　　⑥ 50×9

⑦ 200×3　　⑧ 100×6　　⑨ 400×8

🍎 計算をしましょう。　　　　　　　　　　　　　　　　　　１つ6〔36点〕

⑩ 11×9　　　⑪ 24×2　　　⑫ 32×3

⑬ 12×5　　　⑭ 17×4　　　⑮ 14×6

🍓 １たば13まいある画用紙が7たばあります。全部で何まいありますか。

式　　　　　　　　　　　　　　　　　　　　　　　　　１つ5〔10点〕

答え (　　　　　　　　　)

12 1けたをかけるかけ算 (2)

時間 20分

🍌 計算をしましょう。　　　　　　　　　　　　　　　　1つ6〔36点〕

① 64×2　　　　② 52×4　　　　③ 73×3

④ 41×7　　　　⑤ 92×2　　　　⑥ 21×8

🍒 計算をしましょう。　　　　　　　　　　　　　　　　1つ6〔54点〕

⑦ 32×5　　　　⑧ 27×9　　　　⑨ 15×7

⑩ 35×4　　　　⑪ 19×6　　　　⑫ 53×8

⑬ 68×9　　　　⑭ 46×3　　　　⑮ 98×5

🍉 1こ85円のガムを6こ買うと、代金はいくらですか。　　1つ5〔10点〕

式

答え (　　　　　　　　　　　)

13 1けたをかけるかけ算 (3)

時間 20分

とく点

/100点

🍍 計算をしましょう。　　　　　　　　　　　　　　　　　　　　1つ6〔36点〕

① 434×2　　　　② 122×4　　　　③ 332×3

④ 318×3　　　　⑤ 235×4　　　　⑥ 189×5

🍇 計算をしましょう。　　　　　　　　　　　　　　　　　　　　1つ6〔54点〕

⑦ 520×6　　　　⑧ 791×8　　　　⑨ 648×7

⑩ 863×5　　　　⑪ 415×9　　　　⑫ 973×2

⑬ 298×7　　　　⑭ 504×6　　　　⑮ 609×8

🍎 1こ345円のケーキを9こ買うと、代金はいくらですか。　　1つ5〔10点〕

式

答え (　　　　　　　　　　)

14 1けたをかけるかけ算(4)

とく点

/100点

🍓 計算をしましょう。

1つ6〔90点〕

① 326×2

② 142×4

③ 151×6

④ 284×3

⑤ 878×2

⑥ 923×3

⑦ 461×7

⑧ 547×4

⑨ 834×8

⑩ 730×9

⑪ 632×5

⑫ 367×4

⑬ 415×7

⑭ 127×8

⑮ 906×3

🍌 1しゅう218mの公園のまわりを6しゅう走りました。全部で何m走りましたか。

1つ5〔10点〕

式

答え (　　　　　　　　　　　)

15 大きい数

●勉強した日　　月　　日

時間 20分

とく点

/100点

🍒 □にあてはまる等号か不等号を書きましょう。　　　　　　　1つ5〔40点〕

① 50000 □ 30000　　　　　　② 40000 □ 70000

③ 2000＋9000 □ 11000　　　④ 13000 □ 18000－5000

⑤ 600万 □ 700万－200万　　　⑥ 900万 □ 400万＋500万

⑦ 8200万 □ 4000万＋5000万　　⑧ 7000万＋2000万 □ 1億

🍉 計算をしましょう。　　　　　　　　　　　　　　　　　1つ5〔60点〕

⑨ 5万＋8万　　　　　　　　　⑩ 23万＋39万

⑪ 65万＋35万　　　　　　　　⑫ 14万－7万

⑬ 42万－28万　　　　　　　　⑭ 100万－63万

⑮ 30×10　　　　　　　　　　⑯ 52×10

⑰ 70×100　　　　　　　　　　⑱ 24×100

⑲ 120÷10　　　　　　　　　　⑳ 300÷10

16

16 小数 (1)

時間 20分

とく点

/100点

🍍 計算をしましょう。　　　　　　　　　　1つ5〔90点〕

❶ 0.5＋0.2

❷ 0.6＋1.3

❸ 0.2＋0.8

❹ 0.7＋0.3

❺ 0.5＋3

❻ 0.4＋0.7

❼ 0.6＋0.6

❽ 0.9＋0.5

❾ 3.4＋5.3

❿ 5.1＋1.7

⓫ 2.6＋4.6

⓬ 3.3＋5.9

⓭ 4.4＋2.7

⓮ 2.6＋3.4

⓯ 5.2＋1.8

⓰ 4＋1.8

⓱ 4.7＋16

⓲ 2.8＋7.2

🍇 1.6Lの牛にゅうと2.4Lの牛にゅうがあります。あわせて何Lありますか。　　　　　　　　　　1つ5〔10点〕

式

答え（　　　　　　　）

17 小数 (2)

🍎 計算をしましょう。　　　　　　　　　　　　　　1つ5〔90点〕

① 0.9−0.6

② 2.7−0.5

③ 1−0.4

④ 3.6−3

⑤ 1.3−0.5

⑥ 1.6−0.9

⑦ 4.8−1.3

⑧ 6.7−4.5

⑨ 7.2−2.7

⑩ 8.4−3.9

⑪ 2.6−1.8

⑫ 4.3−3.6

⑬ 5.9−5.2

⑭ 8.5−1.5

⑮ 6.3−4.3

⑯ 5−2.2

⑰ 14−3.4

⑱ 7.6−6

🍓 テープが8mあります。そのうち1.2mを使うと、何mのこりますか。

式　　　　　　　　　　　　　　　　　　　　1つ5〔10点〕

答え (　　　　　　　　　)

18 小数 (3)

時間 20分

とく点

/100点

計算をしましょう。　　　　　　　　　　　　　　1つ5〔90点〕

① 0.7+0.9

② 0.5+0.6

③ 2.7+4.4

④ 3.2+1.8

⑤ 13+7.4

⑥ 8.4+3.7

⑦ 7.5+2.8

⑧ 4.6+5.4

⑨ 6.1+5.9

⑩ 4.7−3.2

⑪ 8.7−5.5

⑫ 6.7−1.8

⑬ 7.3−2.7

⑭ 5.3−3

⑮ 4−2.3

⑯ 7.6−2.6

⑰ 6.2−5.7

⑱ 8.3−7.7

白いテープが8.2m、赤いテープが2.8mあります。どちらのテープが何m長いですか。　　　　　　　　　　　　1つ5〔10点〕

式

答え (　　　　　　　　　　　　　　　　)

19 分数 (1)

🍉 計算をしましょう。

1つ6〔90点〕

① $\dfrac{1}{4}+\dfrac{2}{4}$

② $\dfrac{2}{9}+\dfrac{5}{9}$

③ $\dfrac{1}{6}+\dfrac{4}{6}$

④ $\dfrac{1}{2}+\dfrac{1}{2}$

⑤ $\dfrac{2}{5}+\dfrac{2}{5}$

⑥ $\dfrac{5}{7}+\dfrac{1}{7}$

⑦ $\dfrac{4}{8}+\dfrac{4}{8}$

⑧ $\dfrac{1}{9}+\dfrac{4}{9}$

⑨ $\dfrac{3}{6}+\dfrac{2}{6}$

⑩ $\dfrac{1}{3}+\dfrac{1}{3}$

⑪ $\dfrac{1}{8}+\dfrac{2}{8}$

⑫ $\dfrac{5}{7}+\dfrac{2}{7}$

⑬ $\dfrac{4}{9}+\dfrac{4}{9}$

⑭ $\dfrac{1}{5}+\dfrac{3}{5}$

⑮ $\dfrac{4}{8}+\dfrac{3}{8}$

🍍 $\dfrac{3}{10}$ L の水が入ったコップと $\dfrac{6}{10}$ L の水が入ったコップがあります。あわせて何 L ありますか。

1つ5〔10点〕

式

答え (　　　　　　　　)

 分数(2)

 時間 20分

/100点

計算をしましょう。

1つ6〔90点〕

① $\dfrac{4}{5}-\dfrac{2}{5}$

② $\dfrac{7}{9}-\dfrac{5}{9}$

③ $\dfrac{3}{6}-\dfrac{2}{6}$

④ $\dfrac{5}{8}-\dfrac{3}{8}$

⑤ $\dfrac{3}{4}-\dfrac{1}{4}$

⑥ $\dfrac{7}{10}-\dfrac{4}{10}$

⑦ $\dfrac{8}{9}-\dfrac{7}{9}$

⑧ $\dfrac{6}{7}-\dfrac{3}{7}$

⑨ $\dfrac{7}{8}-\dfrac{2}{8}$

⑩ $1-\dfrac{1}{3}$

⑪ $1-\dfrac{5}{8}$

⑫ $1-\dfrac{5}{6}$

⑬ $1-\dfrac{2}{7}$

⑭ $1-\dfrac{3}{5}$

⑮ $1-\dfrac{4}{9}$

🍎 リボンが1mあります。そのうち$\dfrac{4}{7}$mを使うと、リボンは何mのこっていますか。

1つ5〔10点〕

式

答え（　　　　　　　　）

21 重 さ

🍓 □にあてはまる数を書きましょう。

1つ6〔84点〕

① 3kg＝ □ g

② 1t＝ □ kg

③ 9000g＝ □ kg

④ 6000kg＝ □ t

⑤ 3600g＝ □ kg □ g

⑥ 4090kg＝ □ t □ kg

⑦ 4kg300g＝ □ g

⑧ 2t150kg＝ □ kg

⑨ 4kg200g＋500g＝ □ kg □ g

⑩ 550g＋650g＝ □ kg □ g

⑪ 2kg800g＋600g＝ □ kg □ g

⑫ 850kg－400kg＝ □ kg

⑬ 1kg－900g＝ □ g

⑭ 6kg900g－300g＝ □ kg □ g

🍌 150gの入れ物に、みかんを860g入れました。全体の重さは何kg何g になりますか。

1つ8〔16点〕

式

答え（　　　　　　　　）

とく点

/100点

22 □を使った式

🍒 □にあてはまる数をもとめましょう。

1つ10〔100点〕

① 23+ □ =70

② □ +35=72

③ □ -46=29

④ 8× □ =32

⑤ □ ×4=36

⑥ 54+ □ =103

⑦ □ +84=111

⑧ □ -78=25

⑨ 65- □ =42

⑩ □ ÷3=5

23 2けたをかけるかけ算(1)

とく点

/100点

🍉計算をしましょう。　　　　　　　　　　　　　　　　1つ6〔54点〕

① 4×20

② 8×40

③ 7×50

④ 14×20

⑤ 18×30

⑥ 23×60

⑦ 30×90

⑧ 40×70

⑨ 60×80

🍍計算をしましょう。　　　　　　　　　　　　　　　　1つ6〔36点〕

⑩ 17×25

⑪ 22×38

⑫ 19×43

⑬ 29×31

⑭ 26×27

⑮ 36×16

🍇 1こ28円のおかしを34こ買うと、代金はいくらですか。　　1つ5〔10点〕

式

答え (　　　　　　　　　　)

24 2けたをかけるかけ算 (2)

とく点

/100点

🍎 計算をしましょう。

1つ6〔90点〕

① 95×18

② 63×23

③ 78×35

④ 55×52

⑤ 86×26

⑥ 71×85

⑦ 46×39

⑧ 38×94

⑨ 58×74

⑩ 91×17

⑪ 33×45

⑫ 64×57

⑬ 59×68

⑭ 83×21

⑮ 47×72

🍓 1ふくろ35本入りのわゴムが、48ふくろあります。全部で何本ありますか。

1つ5〔10点〕

式

答え (　　　　　　　　　)

25 2けたをかけるかけ算(3)

とく点

/100点

🍌計算をしましょう。

1つ6〔90点〕

① 232×32　　② 328×29　　③ 259×33

④ 637×56　　⑤ 298×73　　⑥ 541×69

⑦ 807×38　　⑧ 309×51　　⑨ 502×64

⑩ 53×50　　⑪ 77×30　　⑫ 34×90

⑬ 5×62　　⑭ 9×46　　⑮ 8×89

🍒1しゅう198mのコースを12しゅう走りました。全部で何km何m走りましたか。

1つ5〔10点〕

式

答え（　　　　　　　　　）

とく点

/100点

26 2けたをかけるかけ算 (4)

🍉計算をしましょう。

1つ6〔90点〕

① 138×49

② 835×14

③ 780×59

④ 351×83

⑤ 463×28

⑥ 602×95

⑦ 149×76

⑧ 249×30

⑨ 927×19

⑩ 453×58

⑪ 278×61

⑫ 905×86

⑬ 783×40

⑭ 561×37

⑮ 341×65

🍍1本235mL入りのジュースが24本あります。全部で何L何mLありますか。

1つ5〔10点〕

式

答え（　　　　　　　）

27 3年のまとめ (1)

時間 20分

とく点

/100点

🍇 計算をしましょう。

1つ5〔90点〕

① 235+293

② 146+259

③ 814−367

④ 1035−387

⑤ 2.4+4.9

⑥ 7.2−1.6

⑦ 18×4

⑧ 45×9

⑨ 265×4

⑩ 39×66

⑪ 476×37

⑫ 680×53

⑬ 48÷8

⑭ 27÷3

⑮ 72÷9

⑯ 0÷4

⑰ 35÷8

⑱ 50÷7

🍎 $\frac{9}{10}$、1.1、$\frac{1}{10}$ の中で、いちばん大きい数はどれですか。

〔10点〕

⑲ (　　　　　　　)

28 3年のまとめ (2)

🍓 計算をしましょう。　　　　　　　　　　　　　1つ5〔90点〕

① 367+39

② 1267+2585

③ 700−118

④ 4025−66

⑤ 3.2+5.8

⑥ 16−4.3

⑦ 55×6

⑧ 487×3

⑨ 35×15

⑩ 84×53

⑪ 708×96

⑫ 966×22

⑬ 56÷8

⑭ 32÷4

⑮ 20÷5

⑯ 4÷1

⑰ 57÷9

⑱ 41÷6

🍌 180gの箱に、1こ65gのケーキを8こ入れました。全体の重さは何g
になりますか。

1つ5〔10点〕

式

答え (　　　　　　　　　　)

答え

1
① 8、24　② 4、28
③ 5、10　④ 3、3
⑤ 9　⑥ 9　⑦ 6　⑧ 6
⑨ 0　⑩ 0　⑪ 0　⑫ 0
⑬ 15、4、20、35
⑭ 9、54、9、36、90
⑮ 4、32、5、20、52
⑯ 6、60、5、30、90

2
① 9　② 4　③ 5　④ 2　⑤ 3
⑥ 5　⑦ 7　⑧ 3　⑨ 4　⑩ 8
⑪ 8　⑫ 1　⑬ 6　⑭ 9　⑮ 2
⑯ 7　⑰ 7　⑱ 6
式 45÷5＝9　　　答え 9まい

3
① 7　② 8　③ 8　④ 9　⑤ 5
⑥ 5　⑦ 4　⑧ 4　⑨ 1　⑩ 7
⑪ 3　⑫ 7　⑬ 9　⑭ 3　⑮ 6
⑯ 7　⑰ 9　⑱ 4
式 35÷7＝5　　　答え 5人

4
① 60　② 120
③ 200　④ 2、30
⑤ 115　⑥ 1、45
⑦ 278　⑧ 3、16
⑨ 4時20分　⑩ 4時40分
⑪ 50分（50分間）
⑫ 40分（40分間）
式 40＋50＝90　　答え 1時間30分

5
① 739　② 297　③ 682
④ 921　⑤ 541　⑥ 757
⑦ 746　⑧ 705　⑨ 800
⑩ 1199　⑪ 1182　⑫ 1547
⑬ 1414　⑭ 1000　⑮ 1200
式 761＋949＝1710
　　　　　　　　答え 1710cm

6
① 714　② 712　③ 459
④ 292　⑤ 484　⑥ 370
⑦ 768　⑧ 564　⑨ 34
⑩ 343　⑪ 158　⑫ 611
⑬ 236　⑭ 68　⑮ 5
式 917－478＝439　　答え 439だん

7
① 1320　② 1013　③ 1003
④ 717　⑤ 696　⑥ 995
⑦ 3897　⑧ 8194　⑨ 7117
⑩ 1104　⑪ 708　⑫ 1570
⑬ 1111　⑭ 746　⑮ 309
式 4000－3845＝155　　答え 155円

8
① 2000　② 5
③ 2、800　④ 4、80
⑤ 3400　⑥ 5050
⑦ 1、100　⑧ 2、800
⑨ 2　⑩ 600
⑪ 1、400　⑫ 3、300
式 1km900m－600m＝1km300m
答え 駅までのほうが1km300m長い。

9
① 3あまり6　② 3あまり1
③ 6あまり1　④ 2あまり5
⑤ 4あまり2　⑥ 7あまり1
⑦ 8あまり7　⑧ 9あまり1
⑨ 7あまり1　⑩ 6あまり3
⑪ 9あまり2　⑫ 7あまり5
⑬ 3あまり3　⑭ 6あまり1
⑮ 7あまり1　⑯ 7あまり6
⑰ 6あまり2　⑱ 5あまり6
式 70÷9＝7あまり7
　　　答え 7たばできて、7本あまる。

10
① 3あまり1　② 1あまり2
③ 8あまり2　④ 9あまり4
⑤ 2あまり1　⑥ 8あまり2
⑦ 6あまり1　⑧ 5あまり1
⑨ 1あまり5　⑩ 7あまり2
⑪ 8あまり2　⑫ 5あまり6
⑬ 8あまり4　⑭ 5あまり1
⑮ 4あまり1　⑯ 8あまり3
⑰ 4あまり3　⑱ 3あまり1
式 60÷8＝7あまり4　7＋1＝8
答え 8ふくろ

11
① 80　② 90　③ 70
④ 100　⑤ 240　⑥ 450
⑦ 600　⑧ 600　⑨ 3200
⑩ 99　⑪ 48　⑫ 96
⑬ 60　⑭ 68　⑮ 84
式 13×7＝91　答え 91まい

12
① 128　② 208　③ 219
④ 287　⑤ 184　⑥ 168
⑦ 160　⑧ 243　⑨ 105
⑩ 140　⑪ 114　⑫ 424
⑬ 612　⑭ 138　⑮ 490
式 85×6＝510　答え 510円

13
① 868　② 488　③ 996
④ 954　⑤ 940　⑥ 945
⑦ 3120　⑧ 6328　⑨ 4536
⑩ 4315　⑪ 3735　⑫ 1946
⑬ 2086　⑭ 3024　⑮ 4872
式 345×9＝3105　答え 3105円

14
① 652　② 568　③ 906
④ 852　⑤ 1756　⑥ 2769
⑦ 3227　⑧ 2188　⑨ 6672
⑩ 6570　⑪ 3160　⑫ 1468
⑬ 2905　⑭ 1016　⑮ 2718
式 218×6＝1308　答え 1308m

15
① ＞　② ＜　③ ＝　④ ＝
⑤ ＞　⑥ ＝　⑦ ＜　⑧ ＜
⑨ 13万　⑩ 62万　⑪ 100万
⑫ 7万　⑬ 14万　⑭ 37万
⑮ 300　⑯ 520　⑰ 7000
⑱ 2400　⑲ 12　⑳ 30

16
① 0.7　② 1.9　③ 1
④ 1　⑤ 3.5　⑥ 1.1
⑦ 1.2　⑧ 1.4　⑨ 8.7
⑩ 6.8　⑪ 7.2　⑫ 9.2
⑬ 7.1　⑭ 6　⑮ 7
⑯ 5.8　⑰ 20.7　⑱ 10
式 1.6＋2.4＝4　答え 4L

17
① 0.3　② 2.2　③ 0.6
④ 0.6　⑤ 0.8　⑥ 0.7
⑦ 3.5　⑧ 2.2　⑨ 4.5
⑩ 4.5　⑪ 0.8　⑫ 0.7
⑬ 0.7　⑭ 7　⑮ 2
⑯ 2.8　⑰ 10.6　⑱ 1.6
式 8－1.2＝6.8　答え 6.8m

18
① 1.6　② 1.1　③ 7.1
④ 5　⑤ 20.4　⑥ 12.1
⑦ 10.3　⑧ 10　⑨ 12
⑩ 1.5　⑪ 3.2　⑫ 4.9
⑬ 4.6　⑭ 2.3　⑮ 1.7
⑯ 5　⑰ 0.5　⑱ 0.6
式 8.2－2.8＝5.4
答え 白いテープが5.4m長い。

19
① $\frac{3}{4}$ ② $\frac{7}{9}$ ③ $\frac{5}{6}$

④ 1 ⑤ $\frac{4}{5}$ ⑥ $\frac{6}{7}$

⑦ 1 ⑧ $\frac{5}{9}$ ⑨ $\frac{5}{6}$

⑩ $\frac{2}{3}$ ⑪ $\frac{3}{8}$ ⑫ 1

⑬ $\frac{8}{9}$ ⑭ $\frac{4}{5}$ ⑮ $\frac{7}{8}$

式 $\frac{3}{10}+\frac{6}{10}=\frac{9}{10}$　　答え $\frac{9}{10}$ L

20
① $\frac{2}{5}$ ② $\frac{2}{9}$ ③ $\frac{1}{6}$

④ $\frac{2}{8}$ ⑤ $\frac{2}{4}$ ⑥ $\frac{3}{10}$

⑦ $\frac{1}{9}$ ⑧ $\frac{3}{7}$ ⑨ $\frac{5}{8}$

⑩ $\frac{2}{3}$ ⑪ $\frac{3}{8}$ ⑫ $\frac{1}{6}$

⑬ $\frac{5}{7}$ ⑭ $\frac{2}{5}$ ⑮ $\frac{5}{9}$

式 $1-\frac{4}{7}=\frac{3}{7}$　　答え $\frac{3}{7}$ m

21
① 3000 ② 1000 ③ 9
④ 6 ⑤ 3、600 ⑥ 4、90
⑦ 4300 ⑧ 2150 ⑨ 4、700
⑩ 1、200 ⑪ 3、400 ⑫ 450
⑬ 100 ⑭ 6、600
式 150+860=1010　答え 1kg10g

22
① 47 ② 37 ③ 75 ④ 4
⑤ 9 ⑥ 49 ⑦ 27 ⑧ 103
⑨ 23 ⑩ 15

23
① 80 ② 320 ③ 350
④ 280 ⑤ 540 ⑥ 1380
⑦ 2700 ⑧ 2800 ⑨ 4800
⑩ 425 ⑪ 836 ⑫ 817
⑬ 899 ⑭ 702 ⑮ 576
式 28×34=952　　答え952円

24
① 1710 ② 1449 ③ 2730
④ 2860 ⑤ 2236 ⑥ 6035
⑦ 1794 ⑧ 3572 ⑨ 4292
⑩ 1547 ⑪ 1485 ⑫ 3648
⑬ 4012 ⑭ 1743 ⑮ 3384
式 35×48=1680　　答え1680本

25
① 7424 ② 9512 ③ 8547
④ 35672 ⑤ 21754 ⑥ 37329
⑦ 30666 ⑧ 15759 ⑨ 32128
⑩ 2650 ⑪ 2310 ⑫ 3060
⑬ 310 ⑭ 414 ⑮ 712
式 198×12=2376　答え2km376m

26
① 6762 ② 11690 ③ 46020
④ 29133 ⑤ 12964 ⑥ 57190
⑦ 11324 ⑧ 7470 ⑨ 17613
⑩ 26274 ⑪ 16958 ⑫ 77830
⑬ 31320 ⑭ 20757 ⑮ 22165
式 235×24=5640

答え5L640mL

27
① 528 ② 405 ③ 447
④ 648 ⑤ 7.3 ⑥ 5.6
⑦ 72 ⑧ 405 ⑨ 1060
⑩ 2574 ⑪ 17612 ⑫ 36040
⑬ 6 ⑭ 9 ⑮ 8 ⑯ 0
⑰ 4あまり3 ⑱ 7あまり1 ⑲ 1.1

28
① 406 ② 3852 ③ 582
④ 3959 ⑤ 9 ⑥ 11.7
⑦ 330 ⑧ 1461 ⑨ 525
⑩ 4452 ⑪ 67968 ⑫ 21252
⑬ 7 ⑭ 8 ⑮ 4 ⑯ 4
⑰ 6あまり3 ⑱ 6あまり5
式 65×8=520　180+520=700
答え700g

「小学教科書ワーク・数と計算」で、さらに練習しよう！

時間

1秒	1分	1時間	1日
（1びょう）	（1ぷん）	（1じかん）	（1にち）
	1分＝60秒	1時間＝60分	1日＝24時間

60倍 → 60倍 → 24倍 →

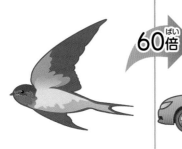   

| ツバメが10mとぶのにかかる時間 | 車が1km進むのにかかる時間 | 東京から大阪まで飛行機でかかる時間 | 地球が1回転する時間 |

かさ

1mL	1dL	1L	1kL
（1ミリリットル）	（1デシリットル）	（1リットル）	（1キロリットル）
	1dL＝100mL	1L＝10dL 1L＝1000mL	1kL＝1000L

100倍 → 10倍 → 1000倍 →

| スポイトではかる水 | コップ1ぱいのジュース | パック1本の牛にゅう | おふろの水5回分（1回 200Lのとき） |

長 さ

1mm	1cm	1m	1km
(1ミリメートル)	(1センチメートル)	(1メートル)	(1キロメートル)
	1cm=10mm	1m=100cm 1m=1000mm	1km=1000m

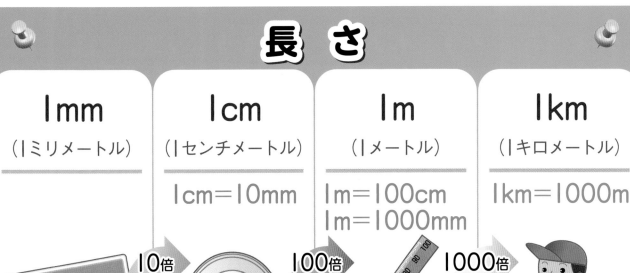

10倍　100倍　1000倍

カードのあつさ	1円玉の半径 (はんけい)	1mの長さの じょうぎ	人が15分で歩く きょり

重 さ

1mg	1g	1kg	1t
(1ミリグラム)	(1グラム)	(1キログラム)	(1トン)
	1g=1000mg	1kg=1000g	1t=1000kg

 1000倍  1000倍 水 1000倍

米つぶ (1つぶ20mg)	1円玉1まいの 重さ(おも)	水1Lの重さ	軽自動車の重さ (けいどうしゃ)

教科書ワーク もくじ

日本文教版 算数3年

▶動画 コードを読みとって、下の番号の動画を見てみよう。

	単元	小項目		教科書ページ	この本のページ
1	かけ算 かけ算のきまりを見つけよう	1 0のかけ算 2 かけ算のきまり 3 10のかけ算 4 かける数、かけられる数		12〜22	2〜7
2	わり算 新しい計算のしかたを考えよう	1 1人分の数をもとめる計算 2 何人分かをもとめる計算 3 1や0のわり算 4 答えが九九にないわり算	▶動画①	24〜36	8〜13
3	時間の計算と短い時間 時こくや時間のもとめ方を考えよう	1 時間の計算 2 秒		38〜46	14〜17
4	たし算とひき算 筆算のしかたを考えよう	1 たし算 2 ひき算 3 大きい数の筆算 4 計算のくふう 5 暗算	▶動画② ▶動画③	48〜62	18〜27
5	ぼうグラフ 調べたことをグラフや表に整理しよう	1 整理のしかた 2 数の大きさを表すグラフ 3 表とグラフの見方	▶動画⑤	64〜82	28〜33
6	あまりのあるわり算 あまりのあるわり算のしかたを考えよう	1 あまりのあるわり算 2 答えのたしかめ 3 あまりを考える問題	▶動画⑦	84〜95	34〜39
7	大きい数 10000より大きい数を表そう	1 数の表し方 2 10倍、100倍、1000倍した数と、10でわった数	▶動画④	100〜113 153	40〜45
8	長さ 長い長さを表そう	1 長さ調べ 2 道のりときょり	▶動画⑥	116〜124	46〜49
9	円と球 まるい形を調べよう	1 円 2 球	▶動画⑨ ▶動画⑩	126〜137	50〜53
10	かけ算の筆算（1） かけ算のしかたをくふうしよう	1 何十、何百のかけ算 2 2けたの数にかける計算 3 3けたの数にかける計算 4 暗算		6〜20	54〜59
11	小数 1より小さい数を表そう	1 小数 2 小数の大きさ 3 小数のたし算とひき算	▶動画⑬ ▶動画⑭	22〜34	60〜65
12	重さ ものの重さをはかろう	1 重さくらべ 2 はかりの使い方 3 長さ、かさ、重さの単位	▶動画⑧	36〜48	66〜71
13	分数 分数の表し方を調べよう	1 分数 2 分数の大きさ 3 分数のたし算とひき算	▶動画⑪	50〜63 132	72〜77
14	□を使った式 □を使った式で表そう			68〜73	78〜81
15	倍の見方 倍の計算を考えよう			74〜78	82〜85
16	三角形と角 三角形と角を調べよう	1 二等辺三角形と正三角形 2 三角形と角	▶動画⑫	80〜94 138	86〜91
17	かけ算の筆算（2） かけ算の筆算のしかたをさらに考えよう	1 何十をかける計算 2 2けたの数をかける計算 3 3けたの数にかける計算	▶動画⑮	96〜106	92〜97
18	そろばん そろばんで計算しよう	1 数の表し方 2 たし算とひき算		108〜111	98〜101
★	3年のふくしゅう			118〜120	102〜104

実力判定テスト（全4回）……………………………………………… 巻末折りこみ
答えとてびき（とりはずすことができます）…………………………… 別冊

教科書(上)
教科書(下)

□ ① ０のかけ算
□ ② かけ算のきまり [その1]

きほんのワーク

もくひょう
０のかけ算と、かけ算のきまりがわかり、使えるようにしよう。

おわったらシールをはろう

教科書　上 12〜17ページ　　答え　1ページ

きほん 1　０のかけ算のしかたがわかりますか。

☆ かけ算をしましょう。
　❶ ７×０　　❷ ０×２　　❸ ０×０

とき方　❶　どんな数に０をかけても答えは

０になるから、７×０＝ ☐

　❷　０にどんな数をかけても答えは

０になるから、０×２＝ ☐

　❸　０×０も０になります。

たいせつ
どんな数に０をかけても答えは０になり、０にどんな数をかけても答えは０になります。

答え　❶ ☐　　❷ ☐　　❸ ☐

❶ かけ算をしましょう。

📖 教科書 13ページ①

　❶ ８×０　　　　　❷ ０×５

　❸ ３×０　　　　　❹ ０×３

かけられる数やかける数が０でも、かけ算の式で表せるんだね。

きほん 2　かけ算のきまりがわかりますか。

☆ ☐ にあてはまる数をかきましょう。
　❶ ３×５＝３×４＋ ☐
　❷ ３×５＝３×６− ☐

とき方　かけ算のきまりを使います。
　　　　｜ふえる
　❶ ３×５＝３×４＋ ☐ ←かけられる数だけ大きくなる。
　　　　｜へる
　❷ ３×５＝３×６− ☐ ←かけられる数だけ小さくなる。

かけ算のきまり
・かける数が｜ふえると、答えはかけられる数だけ大きくなります。
　■×５＝■×４＋■
・かける数が｜へると、答えはかけられる数だけ小さくなります。
　■×５＝■×６−■

答え　上の式に記入

❷ ☐ にあてはまる数をかきましょう。

📖 教科書 15ページ①

　❶ ４×８＝４×７＋ ☐　　　　❷ ２×６＝２×５＋ ☐

　❸ ４×７＝４×８− ☐　　　　❹ ６×４＝６×５− ☐

2　さんすうはかせ　０の記号が使われはじめたのは、５〜６世紀のインドで、日本では、江戸時代でも使われていなかったんだ。

きほん3 かけ算のきまりがわかりますか。

☆ □にあてはまる数をかきましょう。

3×5＝5× □

とき方 かけ算のきまりを使います。

3×5＝ □ × □
入れかえる

> **かけ算のきまり**
> かけ算では、かけられる数とかける数を入れかえて計算しても、答えは同じになります。
> ■×●＝●×■

答え 上の式に記入

---

3 □にあてはまる数をかきましょう。　　📖教科書 15ページ1

① 7×8＝8× □

② □ ×2＝2×9

③ 6× □ ＝3×6

④ 5×8＝ □ ×5

きほん4 かけ算を分けて考えることができますか。

☆ □にあてはまる数をかいて、6×9の答えをもとめましょう。

① 6×9 < 2 ×9＝ □ 　　□ ×9＝ □ 　　あわせて □

② 6×9 < 6× □ ＝ □ 　　6× 4 ＝ □ 　　あわせて □

とき方 かけ算はかけられる数やかける数を分けて計算することもできます。

① かけられる数を分けます。

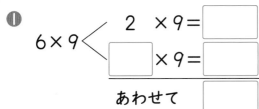

2×9　2×9＝18

4×9　4×9＝36

6×9＝54

② かける数を分けます。

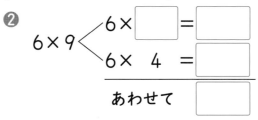

6×5＝30

6×4＝24

6×9＝54

└6×5┘ └6×4┘

答え 上の式に記入

---

4 □にあてはまる数をかきましょう。　　📖教科書 17ページ2

① 5×9 < 3 ×9＝ □ 　　□ ×9＝ □ 　　あわせて □

② 5×9 < 5× □ ＝ □ 　　5× 3 ＝ □ 　　あわせて □

ポイント 0にどんな数をかけても、どんな数に0をかけても、答えは0になります。また、かけ算だけの式は、どこからでも計算することができます。

3

2 かけ算のきまり ［その2］　3 10の
かけ算　　4 かける数、かけられる数

きほんのワーク

もくひょう
かけ算のきまりを使って2けたの数のかけ算を学習しよう。

おわったら
シールを
はろう

教科書　上18〜20ページ　答え　1ページ

きほん **1**　3つの数のかけ算のしかたがわかりますか。

☆ あめを1ふくろに3こずつつめて、1人に2ふくろずつ配ります。3人に配るとすると、全部であめは何こいりますか。

とき方　《1》1人分のあめの数を先に計算すると、

$3 \times \boxed{} = \boxed{}$ （こ）です。

だから、3人分のあめの数は、

$\boxed{} \times \boxed{} = \boxed{}$ （こ）いります。

これを1つの式に表すと、

$(3 \times 2) \times 3$ となります。

<u>1人分のあめの数</u>

《2》3人分のふくろの数を先に計算すると、

$2 \times 3 = \boxed{}$ （ふくろ）です。

だから、あめは全部で、

$3 \times \boxed{} = \boxed{}$ （こ）いります。

これを1つの式に表すと、

$3 \times (2 \times 3)$ となります。

<u>3人分のふくろの数</u>

たいせつ
3つの数をかけるときは、計算するじゅんじょをかえてかけても、答えは同じになります。

どちらのもとめ方もできるようにしておこう。

答え　□ こ

1　2とおりのしかたで計算しましょう。

📖 教科書 18ページ3

① 4×2×4

② 3×2×2

③ 2×3×2

④ 2×2×4

4

さんすうはかせ　大きな数のかけ算でも、分けて考えると九九の答えをあわせた数になるんだね。

☆□にあてはまる数をかいて、6×10の答えをもとめましょう。

❶ 6×10＝6×9＋□
　　　＝54＋□
　　　＝□

❷ 6×10 ⎨ 6×□ ＝ □
　　　　　 6× 2 ＝ □
　　　　　 あわせて □

とき方 ❶ 6×9＝□ より、かける数が1ふえたから、

54より □ 大きい数になります。

❷ かける数の10を8と□に分けて考えます。　答え 上の式に記入

2 □にあてはまる数をかきましょう。　教科書 19ページ1

❶ 8×10＝8×9＋□
　　　＝72＋□
　　　＝□

❷ 8×10 ⎨ 8× 4 ＝ □
　　　　　 8×□ ＝ □
　　　　　 あわせて □

☆次の式の□にあてはまる数は、何ですか。

❶ 4×□＝28　　　❷ □×7＝21

とき方 ❶ 4のだんの九九に
　　あてはめて
　　4×□＝20
　　4×□＝24
　　4×□＝28

❷ □×7＝21 を
　7×□＝21 とみて
　7×□＝21
　↓
　□×7＝21

答え ❶ □　　❷ □

3 □にあてはまる数をかきましょう。　教科書 20ページ1

❶3×□＝15　❷8×□＝64　❸□×4＝32　❹□×9＝45

ポイント　かけ算では、かけられる数やかける数を分けて考えることができます。

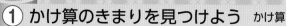

練習のワーク

教科書 ［上］12〜22ページ　答え 2ページ

できた数　　／27問中

おわったら
シールを
はろう

---

1 0のかけ算　かけ算をしましょう。

❶ 9×0　　　　❷ 0×4　　　　❸ 0×0

0のかけ算
どんな数に0をかけて
も、0にどんな数をか
けても、答えは0です。

---

2 かけ算のきまり　□にあてはまる数をかいて、8×4の答えを
もとめましょう。

❶ 8×4＝8×3＋□＝□

❷ 8×4＝8×5−□＝□

❸ 8×4＝□×8＝□

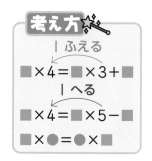

考え方

　↗ 1ふえる
■×4＝■×3＋■
　↘ 1へる
■×4＝■×5−■

■×●＝●×■

---

3 かけ算のきまり　2とおりのしかたで計算しましょう。

❶ 2×2×4　　　　　　❷ 2×3×3

---

4 10のかけ算　□にあてはまる数をかきましょう。

❶ 3×10 ⎨ 3× 8 ＝□
　　　　　 3×□ ＝□
　　　　　あわせて □

❷ 3×2×5＝□×5＝□

❸ 3×2×5＝3×□＝□

---

5 かける数、かけられる数　□にあてはまる数をかきましょう。

❶ 7×□＝28
7×②＝14、7×③＝21、…とじゅんに数をあてはめていき、
7のだんの九九で答えが28になる数を見つけます。

❷ □×3＝24
3×□＝24とみて、3のだんの九九を考えます。

❸ 8×□＝56

❹ 9×□＝72

❺ 4×□＝12

❻ □×5＝15

❼ □×6＝36

❽ □×2＝16

できるナビ　かけ算では、かける数が1ふえると、答えはかけられる数だけ大きくなります。また、かける
数が1へると、答えはかけられる数だけ小さくなります。

とく点

/100点

おわったら
シールを
はろう

教科書 (上) 12〜22ページ 答え 2ページ

時間 **20**分

1 下の❶から❸は、九九の表の一部です。㋐から㋑にあてはまる数をかきましょう。

1つ5〔30点〕

❶
21	28	㋐
㋑	32	40
27	36	45

❷
35	40	45
42	㋒	54
49	56	㋓

❸
㋔	10	12
12	15	18
16	㋕	24

㋐ ( ) 　㋒ ( ) 　㋔ ( )

㋑ ( ) 　㋓ ( ) 　㋕ ( )

2 よく出る □にあてはまる数をかきましょう。

1つ5〔50点〕

① $5 \times 0 = \boxed{}$ 　　② $0 \times 8 = \boxed{}$

③ $9 \times 8 = \boxed{} \times 9$ 　　④ $\boxed{} \times 2 = 2 \times 6$

⑤ $5 \times 9 = 5 \times \boxed{} + 5$ 　　⑥ $7 \times 3 = 7 \times \boxed{} - 7$

⑦ $4 \times 10 = \boxed{}$ 　　⑧ $10 \times 7 = \boxed{}$

⑨ $7 \times \boxed{} = 42$ 　　⑩ $\boxed{} \times 8 = 24$

3 4こ入りのケーキの箱が10箱あります。ケーキは全部で何こありますか。

1つ5〔10点〕

式

答え ( )

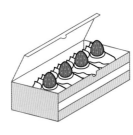

4 右の表は、ゆうきさんがおはじきで点取りゲームをしたときのけっかを表しています。得点の合計をもとめましょう。

〔10点〕

はいったところ	3点	2点	1点	0点	合計
はいった数(こ)	0	3	2	5	10
得点(点)					

( )

ふろくの「計算練習ノート」2ページをやろう!

チェック ✓ □ かけ算のきまりがわかったかな？
□ 何十のかけ算ができたかな？

① 1人分の数をもとめる計算
② 何人分かをもとめる計算

もくひょう☆

同じ数に分ける計算の「わり算」ができるようにしよう。

おわったら
シールを
はろう

きほんのワーク

教科書　⊕24～31ページ　答え　2ページ

きほん 1 わり算は、どんなときに使う計算かわかりますか。

☆15このあめを、3人で同じ数ずつ分けます。1人分は何こになりますか。わり算の式（しき）で表（あらわ）して、答えをもとめましょう。

とき方　15このあめを、3人で同じ数ずつ分けると、

1人分は [　　] こになります。このことを式でかく

と、

全部（ぜんぶ）の数　　人数　　1人分の数

[　　] ÷ [　　] = [　　] となります。

十五　わる　三　は　五

このような計算を「わり算（ざん）」といいます。

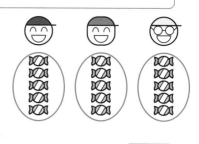

答え [　　] こ

---

1 答えをもとめるわり算の式をかきましょう。

📖 教科書 25ページ 1

① 8このなしを、4人で同じ数ずつ分けます。1人分は何こになりますか。

（　　　　　　　）

② 21mの紙テープを、7人で同じ長さずつ分けます。1人分は何mになりますか。

（　　　　　　　）

きほん 2 わり算の答えの見つけ方がわかりますか。

☆24このあめを、6人で同じ数ずつ分けます。1人分は何こになりますか。

とき方　式は、[　　] ÷6です。この答えは、□×6＝24の□にあてはまる数なので、6のだんの九九で見つけます。

[　　] ÷6＝[　　]

答え [　　] こ

1人分の数 × 人数 ＝ 全部の数

1人分が

1このとき…1 × 6 = 6
2このとき…2 × 6 = 12
3このとき…3 × 6 = 18
4このとき…4 × 6 = 24

---

2 32まいのおり紙を、8人で同じ数ずつ分けます。1人分は何まいになりますか。

📖 教科書 27ページ 2

式

答え（　　　　　　　）

さんすうはかせ 【わり算の記号（きごう）(1)】「÷」の記号は、1659年にスイスのラーンという人がはじめて使（つか）ったんだよ。

❸ 42 このボールを、同じ数ずつ 7 つの箱に入れます。1 つの箱には、何このボールがはいりますか。

📖 教科書 27ページ 2

式

答え（　　　　　　　　　　　　）

きほん ❸ 同じ数ずつに分けるときも、わり算が使えますか。

⭐ 24 このあめを、1 人に 6 こずつ分けると、何人に分けられますか。

とき方 式は、☐ ÷6 です。
この答えは、6×□＝24 の□
にあてはまる数なので、6 のだ
んの九九で見つけます。

| 1人分の数 | × | 人数 | ＝ | 全部の数 |

$$6 \times \boxed{4} = 24$$

全部の数　1人分の数　人数

☐ ÷6＝☐　　答え ☐ 人

たいせつ
わり算の式で、それぞれの数を
次のようにいいます。
$$24 \div 6 = 4$$
（わられる数）（わる数）（答え）

---

❹ 54 このみかんを、9 こずつふくろに入れます。9 こずつはいったふくろは何ふくろできますか。

📖 教科書 28ページ 1 30ページ 2

式

答え（　　　　　　　　　　　　）

---

❺ 次のわり算の答えをもとめるためには、何のだんの九九を使いますか。また、答えはいくつですか。

📖 教科書 30ページ 2

① 16÷2　　　　② 30÷5　　　　③ 24÷3

だん（　　　）　だん（　　　）　だん（　　　）

答え（　　　）　答え（　　　）　答え（　　　）

④ 72÷8　　　　⑤ 42÷7　　　　⑥ 36÷4

だん（　　　）　だん（　　　）　だん（　　　）

答え（　　　）　答え（　　　）　答え（　　　）

---

❻ 14÷2 の式になる問題をつくりましょう。

📖 教科書 31ページ 3

（　　　　　　　　　　　　　　）

1つ分をもとめるわり算といくつ分をもとめるわり算があるね。

ポイント わり算の答えを見つけるために、かけ算の九九を使います。かけ算の九九が、しっかりできることが大切です。

③ 1や0のわり算
④ 答えが九九にないわり算

きほんのワーク

もくひょう
いろいろなわり算のきまりと、計算のしかたを学習しよう。

おわったらシールをはろう

教科書　上 32〜34ページ　答え　2ページ

きほん 1 1や0のわり算には、どんなきまりがありますか。

⭐ わり算をしましょう。
❶ 6÷1　❷ 0÷9　❸ 5÷5

とき方 ❶ 答えは、1×□＝6 の□にあてはまる数だから、☐になります。

❷ 答えは、9×□＝0 の□にあてはまる数だから、☐になります。

❸ 答えは、5×□＝5 の□にあてはまる数だから、☐になります。

たいせつ
・わる数が1のときは、答えはわられる数と同じになります。
・0を、0でないどんな数でわっても、答えはいつも0です。

答え ❶ ☐　❷ ☐　❸ ☐

1 ふくろにあめがはいっています。あめを6人で同じ数ずつ分けることにしました。

教科書 32ページ❶

❶ ふくろの中にあめが6こはいっているとき、1人分は何こになりますか。
式

答え（　　）

❷ ふくろの中にあめが1こもはいっていないとき、1人分は何こになりますか。
式

答え（　　）

2 わり算をしましょう。
教科書 32ページ❶

❶ 7÷1　　❷ 6÷1　　❸ 8÷8

❹ 0÷6　　❺ 0÷9　　❻ 0÷7

さんすうはかせ　【わり算の記号(2)】「÷」はイギリスやアメリカ合衆国などで使われているけれど、世界中で通じる記号ではなくて、「：」が使われている国もあるよ。

きほん 2 何十のわり算ができますか。

⭐80 このおはじきを、2人で同じ数ずつ分けます。1人分は何こになりますか。

(とき方) 同じ数ずつ分けるので、答えはわり算を使ってもとめます。

式は、80÷□ となります。

おはじき 10 こを 1 つのまとまりと考えると、

80÷2 は 10 のまとまりが 8÷2=□ こだから、

10×□ =□ となります。

| 8 ÷2=4 |
| 80÷2=40 |

(答え) □ こ

3 わり算をしましょう。 📖教科書 33ページ①

① 60÷2　　② 90÷9　　③ 40÷4

きほん 3 大きい数のわり算ができますか。

⭐84 このおはじきを、2人で同じ数ずつ分けます。1人分は何こになりますか。

(とき方) 84 を 80 と □ に分けて、十の位と一の位のそれぞれでわり算します。

$$84 \begin{cases} 80 \\ 4 \end{cases}$$
80÷2=□
4÷2=□
─────
40+2=□

84 を 10 のまとまりの 80 と、ばらの 4 に分けて考えよう。

(答え) □ こ

4 わり算をしましょう。 📖教科書 34ページ②

① 48÷2　　② 66÷3　　③ 26÷2

④ 99÷3　　⑤ 55÷5　　⑥ 88÷4

📍ポイント わられる数とわる数が同じ数のわり算の答えは、1 になります。
わる数が 1 のときは、答えはわられる数と同じになります。

② 新しい計算のしかたを考えよう わり算

練習のワーク

| 教科書 | ⊕ 24〜36ページ | 答え | 3 ページ |

できた数

／17問中

おわったら
シールを
はろう

1 1人分は何こ　35 このいちごを 7 人で同じ数ずつ分けると、1 人分は何こになりますか。
式

答え（　　　　　　　　）

2 何人に分けられる　画用紙が 40 まいあります。1 人に 5 まいずつ分けると、何人に分けることができますか。
式

答え（　　　　　　　　）

考え方 🪄
答えは 5×□＝40
の□にあてはまる数
です。5 のだんの九九
で見つけます。

3 0 や 1 のわり算　わり算をしましょう。
① 0÷2

② 5÷1

③ 7÷7

④ 3÷1

⑤ 6÷6

⑥ 0÷5

0 や 1 のわり算
・0 を、0 でないどんな数でわっても、答えはいつも 0 です。
・わる数が 1 のときは、答えはわられる数と同じです。
・わられる数とわる数が同じとき、答えは 1 になります。

4 何十のわり算　わり算をしましょう。
① 30÷3

② 50÷5

③ 60÷3

5 九九を使わないわり算　わり算をしましょう。
① 28÷2

② 36÷3

③ 88÷8

④ 62÷2

⑤ 66÷6

⑥ 88÷2

できる ナビ　どんなときにわり算になるかを考えることが大切です。

まとめのテスト

教科書 ㊤ 24〜36ページ 答え 3ページ

時間 **20**分

とく点 /100点

おわったら シールを はろう

---

1 よく出る わり算をしましょう。 1つ5〔60点〕

① 18÷2　　② 20÷5　　③ 28÷7

④ 48÷6　　⑤ 81÷9　　⑥ 63÷9

⑦ 0÷7　　⑧ 9÷1　　⑨ 5÷5

⑩ 24÷2　　⑪ 63÷3　　⑫ 96÷3

---

2 みさきさんは、72ページある本を毎日同じページ数ずつ読みます。8日で全部読み終わるには、1日に何ページずつ読めばよいですか。 1つ6〔12点〕

式

答え（　　　　　　　　）

---

3 54本の花があります。6本ずつたばにすると、花たばは何たばできますか。 1つ6〔12点〕

式

答え（　　　　　　　　）

---

4 86このケーキを、1箱に2こずつ入れます。2こずつはいった箱は何箱できますか。 1つ8〔16点〕

式

答え（　　　　　　　　）

ふろくの「計算練習ノート」3〜4ページをやろう！

□ わり算ができたかな？
□ わり算を使って答えをもとめることができたかな？

③ 時こくや時間のもとめ方を考えよう　時間の計算と短い時間

① 時間の計算
② 秒

きほんのワーク

きほん 1 時こくをもとめることができますか。

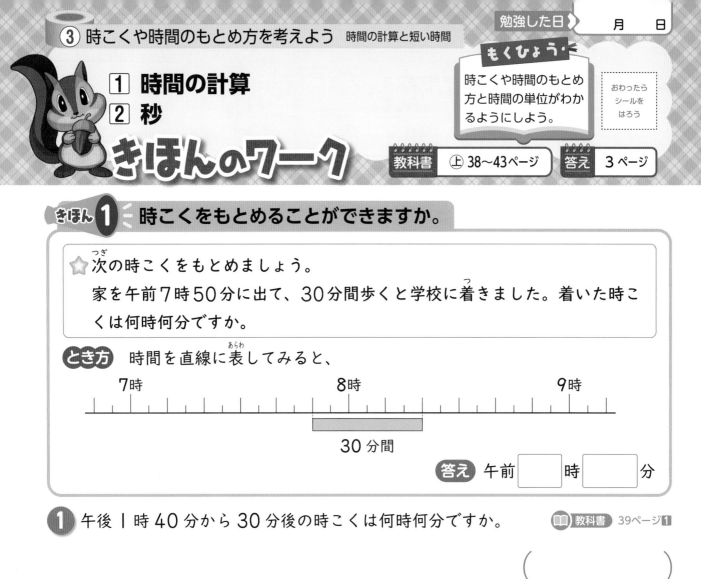

次の時こくをもとめましょう。

家を午前7時50分に出て、30分間歩くと学校に着きました。着いた時こくは何時何分ですか。

とき方 時間を直線に表してみると、

7時　　　　　　　　8時　　　　　　　　9時

30分間

答え 午前 [　] 時 [　] 分

❶ 午後 1 時 40 分から 30 分後の時こくは何時何分ですか。　　教科書 39ページ①

（　　　　　　　　）

❷ 午前 10 時 40 分から 50 分後の時こくは何時何分ですか。　　教科書 39ページ①

（　　　　　　　　）

きほん 2 時間をもとめることができますか。

50分間と20分間をあわせた時間をもとめましょう。

とき方 時間を直線に表した図を使うとわかりやすくなります。

[　] 時間 [　] 分

0　　　　　　　　1時間↓

50 分間　　20 分間

答え [　] 時間 [　] 分

❸ 1 時間 40 分と 50 分間をあわせると、何時間何分ですか。　　教科書 40ページ②

（　　　　　　　　）

さんすうはかせ　明治時代より前の日本では、日の出から日の入りまでを昼、それ以外を夜と決め、それを6等分したので、きせつによって1時間の長さがちがったんだよ。

⭐次の時間や時こくをもとめましょう。

❶ 学校を午後2時30分に出て、午後2時45分に家に着きました。学校から家までかかった時間は何分間ですか。

❷ 家を出て、10分間歩いて友だちの家に午後4時に着きました。家を出た時こくは何時何分ですか。

とき方 時間を直線に表した図を使うと、

❶
2時　2時30分 2時45分　3時

□分間

答え
❶ □ 分間

❷
3時　　　　4時

10分間

❷ 午後 □ 時 □ 分

❹ 公園を午後5時に出て、家に午後5時20分に着きました。公園から家までかかった時間は何分間ですか。

📖教科書 41ページ❸

(　　　　　　)

❺ 午後6時30分から午後7時20分までの時間をもとめましょう。

📖教科書 41ページ❸

(　　　　　　)

❻ 家を出て、30分間歩いてお祭りの会場に午後6時20分に着きました。家を出た時こくは何時何分ですか。

📖教科書 42ページ❹

(　　　　　　)

⭐70秒は何分何秒ですか。

たいせつ☆
1分＝60秒

とき方 70秒は、60秒＋□秒です。

答え □ 分 □ 秒

❼ 90秒は何分何秒ですか。また、3分は何秒ですか。

📖教科書 43ページ❶

90秒 (　　　　　　)　　3分 (　　　　　　)

📍ポイント 着いた時こくからかかった時間をもとめるときも、直線に表した図を使うとわかりやすくなります。1分＝60秒の関係もおぼえましょう。

15

練習のワーク

勉強した日　月　日

できた数

／11問中

おわったら
シールを
はろう

教科書　上 38〜46ページ　答え　3 ページ

1 時間の計算　次の時こくや時間をもとめましょう。

① 午前 10 時 45 分から 25 分後の時こく　（　　　　　　　）

② 40 分間と 25 分間をあわせた時間　（　　　　　　　）

③ 午後 6 時 50 分から午後 9 時までの時間　（　　　　　　　）

2 時間の計算　家を出てから、まず図書館へ行き、次に図書館から本屋へ行き、さい後に本屋から家へ帰るというコースを歩くのに 3 時間 40 分かかりました。そのうち、家を出てから図書館を出発するまでに 1 時間 50 分かかりました。図書館を出てから、家へ帰るまでにかかった時間は何時間何分ですか。

（　　　　　　　）

3 時間の単位の関係　□にあてはまる数をかきましょう。

① 1 時間 30 分＝□　分

② 1 分 20 秒＝□　秒

③ 120 秒＝□　分

④ 150 秒＝□　分□　秒

4 時間の単位の使い方　次の時間は、時間、分、秒のうち、どれを使って表すとよいですか。

① 1 日に学校で算数を学習した時間　45（　　　　　　　）

② 50 m を走るのにかかる時間　10（　　　　　　　）

③ 1 日のすいみん時間　9（　　　　　　　）

できるナビ　時こくや時間をもとめるときは、直線に表した図を使って考えてみましょう。1 時間＝60 分、1 分＝60 秒の関係をおぼえておきましょう。

まとめのテスト

時間 20分

とく点 ／100点

おわったら シールを はろう

教科書 ⊕ 38〜46ページ　答え 4ページ

1 よく出る □にあてはまる数をかきましょう。　　　　　　1つ8〔16点〕

❶ 110秒＝ ［　　］分［　　］秒　　❷ 4分＝［　　］秒

2 次の時こくや時間をもとめましょう。　　　　　　　　1つ8〔48点〕

❶ 午前7時20分から30分後の時こく　　　　　（　　　　　　）

❷ 午後8時50分から40分後の時こく　　　　　（　　　　　　）

❸ 午前11時から30分前の時こく　　　　　　　（　　　　　　）

❹ 40分間と30分間をあわせた時間　　　　　　（　　　　　　）

❺ 午後2時10分から午後2時40分までの時間　（　　　　　　）

❻ 午後9時30分から午後10時10分までの時間（　　　　　　）

3 ゆりさんは、おばさんの家に行くのに、電車に1時間50分、バスに30分間乗りました。あわせて何時間何分乗り物に乗りましたか。　　〔12点〕

（　　　　　　）

4 次の時間は、時間、分、秒のうち、どれを使って表すとよいですか。　1つ8〔24点〕

❶ 遠足で歩いた時間　　　　　　　　2（　　　　）

❷ 200mを走るのにかかった時間　　45（　　　　）

❸ 昼休みの時間　　　　　　　　　　45（　　　　）

□時間や時こくをもとめることができたかな？
□時間、分、秒の使い方がわかったかな？

ふろくの「計算練習ノート」5ページをやろう！

④ 筆算のしかたを考えよう　たし算とひき算

① たし算

きほんのワーク

もくひょう

けた数が多い数のたし算の筆算のしかたを学習しよう。

おわったらシールをはろう

教科書　⊕ 48〜51ページ　　答え　4 ページ

ふくしゅう　できるかな？

れい　125＋69 を筆算でしましょう。

考え方
```
     ①    5＋9＝14
  1 2 5    十の位に 1 くり上げる。
＋  6 9    1＋2＋6＝9
  1 9 4
```

問題　たし算をしましょう。

❶
```
   8 2
＋ 3 9
```

❷
```
  2 4 8
＋  2 8
```

きほん 1　3けたの数のたし算が、筆算でできますか。

☆ 352円のケーキと285円のおかしを買うと代金は何円ですか。

とき方　図をかいて考えます。

352円　285円
□円

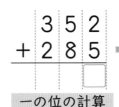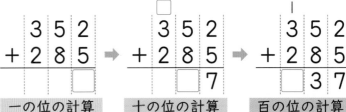

一の位の計算
位をそろえて、一の位からじゅんに計算する。

十の位の計算
5＋8＝13
百の位に 1 くり上げる。

百の位の計算
1＋3＋2＝6

式 □

答え □ 円

---

 415 円の本と 308 円のノートを買うと代金は何円ですか。　📖教科書　49ページ 1

式

答え（　　　　　　　）

```
 
＋
```

---

② たし算をしましょう。　📖教科書　49ページ 1

❶
```
  3 1 4
＋ 2 7 5
```

❷
```
  4 0 5
＋ 3 8 5
```

❸
```
  6 9 2
＋ 1 6 4
```

❹
```
  5 2 9
＋ 2 3 8
```

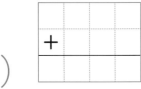

答えのたしかめをしよう。
→たすじゅんじょを入れかえて考えます。

```
❶ 2 7 5
＋ 3 1 4
```

さんすうはかせ　1489 年「計算親方」とよばれたドイツのウィッドマンが、ライプチヒで発表した書物の中で「＋」や「−」の記号を使いだしたんだよ。

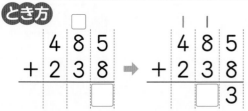 **きほん2** くり上がりが2回あるたし算が、筆算でできますか。

⭐ 485＋238の計算をしましょう。

とき方

たすじゅんじょ
を入れかえて、
たしかめをして
おこう。

```
  485        485        485
+ 238   →  + 238   →  + 238
  □          □ 3        □ 2 3
```

5＋8＝13
十の位に1
くり上げる。

1＋8＋3＝12
百の位に1
くり上げる。

1＋4＋2＝7

答え □

③ たし算をしましょう。

📖教科書 51ページ②

①
```
  239
+ 573
```

②
```
  477
+ 354
```

③
```
  386
+  46
```

④
```
    56
+ 389
```

```
 1 1
 259
+374
 633
```
← くり上げたことを
わすれないように
かいておこう。

⑤
```
  158
+ 643
```

⑥
```
  465
+  37
```

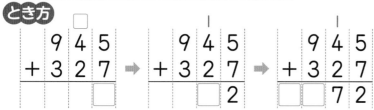 **きほん3** 答えが4けたになるたし算が、筆算でできますか。

⭐ 945＋327の計算をしましょう。

とき方

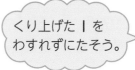
くり上げた1を
わすれずにたそう。

```
  945        945        945
+ 327   →  + 327   →  + 327
  □          □ 2        □ □ 7 2
```

5＋7＝12
十の位に1
くり上げる。

1＋4＋2＝7

9＋3＝12 百の位の
計算が10をこえるので、
千の位に1くり上げる。

答え □

④ たし算をしましょう。

📖教科書 51ページ②

①
```
  435
+ 841
```

②
```
  729
+ 654
```

③
```
  853
+ 572
```

④
```
  568
+ 796
```

⑤
```
  793
+ 558
```

⑥
```
  239
+ 764
```

⑦
```
  548
+ 452
```

⑧
```
  937
+  65
```

 ポイント 筆算のしかたは、けた数がふえてもかわりません。筆算ですると、位をたてにそろえて計算
できるので、位ごとの計算がしやすくなります。

④ 筆算のしかたを考えよう　たし算とひき算

② **ひき算**

きほんのワーク

勉強した日　月　日

もくひょう：けた数が多い数のひき算の筆算のしかたを学習しよう。

おわったらシールをはろう

教科書　上 52〜55ページ　答え 4 ページ

ふくしゅう　できるかな？

れい 63−24 を筆算でしましょう。

考え方
```
  ⑤
  6 3
− 2 4
─────
  3 9
```
十の位から
1くり下げて
13−4=9
十の位は、5−2=3

問題 ひき算をしましょう。
① 126 − 48　　② 108 − 39

きほん① 3けたの数のひき算が、筆算でできますか。

☆ 色紙が452まいあります。238まい使うと、のこりは何まいですか。

とき方 図をかいて考えます。

□まい　238まい
452まい

```
  4 5 2        4 5 2        4 5 2
− 2 3 8  ➡  − 2 3 8  ➡  − 2 3 8
      □            4      □ 1 4
```
十の位から
1くり下げて
12−8=4
1くり下げたので
5−1−3=1
4−2=2

式 〔　　　〕

答え 〔　　〕まい

① 公園に子どもが317人います。135人帰ると、のこりは何人になりますか。　📖教科書 52ページ❶

式
```
  ─
```
答え（　　　　）

② ひき算をしましょう。　📖教科書 52ページ❶
```
①   7 8 5      ②   6 7 2      ③   8 1 8      ④   4 3 5
  − 4 1 3        − 2 5 6        − 5 9 4        − 2 8 1
```

　フランスのヴィエタ（1540年〜1603年）によって、「＋」、「−」の記号がいっぱんに使われるようになったといわれているんだよ。

⭐ たかしさんは325円持っています。158円のペンを買うと、何円のこりますか。

とき方 図をかいて考えます。

□円　158円
325円

式 [   ]

答え [   ] 円

```
  3 2 5       □ 1       2 1
            3 2 5     3 2 5
- 1 5 8    - 1 5 8   - 1 5 8
      □         □ 7      □ 6 7
```

十の位から
1くり下げて
15-8=7

百の位から
1くり下げて
11-5=6

1くり下げたので、
3-1-1=1

3 遊園地に人が全部で416人いて、そのうちおとなは178人です。子どもは何人ですか。　📖 教科書 54ページ **2**

式

```
  □ □ □
-
  □ □ □
```

答え(　　　　　　　　　)

4 ひき算をしましょう。　📖 教科書 54ページ **2**

①
```
  6 2 3
- 3 7 8
```

②
```
  4 6 3
- 2 8 9
```

③
```
  5 1 4
-   3 7
```

④
```
  5 4 5
- 4 6 6
```

⭐ 301-183の計算をしましょう。

とき方 筆算のしかたはけた数がふえてもかわりません。くり下がりに注意して計算しましょう。

答え [   ]

十の位からくり下げられないから、百の位から1くり下げる。

さらに、十の位から1くり下げて一の位を計算する。(11-3=8)

```
    □ □          2 9
  3 0 1        3 0 1
- 1 8 3   ➡   - 1 8 3
      □         □ □ 8
```

5 ひき算をしましょう。　📖 教科書 54ページ **3** 55ページ **4**

①
```
  4 0 5
- 1 4 8
```

②
```
  8 0 4
- 5 8 6
```

③
```
  6 0 2
-   6 4
```

④
```
  5 0 1
- 2 0 8
```

ポイント けた数の多い数のひき算の筆算のしかたを学習します。数が大きくなっても筆算のしかたは同じです。くり下がりに注意して計算しましょう。

④ 筆算のしかたを考えよう　たし算とひき算

③ **大きい数の筆算**
④ **計算のくふう**　⑤ **暗算**

きほんのワーク

もくひょう
4けたの数のたし算や
ひき算のしかたや計算
のくふうを学習しよう。

おわったら
シールを
はろう

教科書　⊕ 56〜60ページ　答え　4ページ

きほん① 4けたの数のたし算やひき算が、筆算でできますか。

☆次の計算をしましょう。❶ 2593＋4762　❷ 5249−3786

とき方 位をそろえて、筆算の形でかいて、一の位から計算します。

❶
```
   2 5 9 3
 + 4 7 6 2
 ─────────
         □
```
3＋2＝5

→
```
     □
   2 5 9 3
 + 4 7 6 2
 ─────────
       □ 5
```
9＋6＝15
百の位に1くり上げる。

→
```
   □   1
   2 5 9 3
 + 4 7 6 2
 ─────────
     □ 5 5
```
1＋5＋7＝13
千の位に1くり上げる。

→
```
   1   1
   2 5 9 3
 + 4 7 6 2
 ─────────
     3 5 5
```
1＋2＋4＝7
千の位を計算する。

❷
```
   5 2 4 9
 − 3 7 8 6
 ─────────
         □
```
9−6＝3

→
```
     1
   5 2̸ 4 9
 − 3 7 8 6
 ─────────
       □ 3
```
百の位から1
くり下げる。
14−8＝6

→
```
   4   1
   5̸ 2̸ 4 9
 − 3 7 8 6
 ─────────
     □ 6 3
```
千の位から
1くり下げる。
11−7＝4

→
```
   4   1
   5̸ 2̸ 4 9
 − 3 7 8 6
 ─────────
     4 6 3
```
4−3＝1

答え ❶ ［　　　　　］　❷ ［　　　　　］

① 次の計算をしましょう。　📖教科書 56ページ 1 2

❶
```
   1 3 9 6
 +   4 0 2
```
❷
```
   4 7 9 2
 + 4 5 1 8
```
❸
```
   4 2 5 8
 − 2 3 6 8
```
❹
```
   1 0 0 7
 −   5 4 9
```

きほん② 3つの数のたし算のきまりがわかりますか。

☆579＋37＋63の計算をしましょう。

とき方 《1》左からじゅんにたすと、
579＋37＋63＝［　　　］＋63＝［　　　］

《2》37＋63をまとめると、
579＋37＋63＝579＋（37＋63）
＝579＋［　　　］＝［　　　］ ← 同じ

たいせつ
3つの数のたし算では、じゅんに
たしても、まとめてたしても、答
えは同じになります。

答え ［　　　］

22

🎓 **さんすうはかせ** 3つの数のたし算では、計算のしかたをくふうできないか、考えてから計算をはじめるよう
にしよう。

2 くふうして、次の計算をしましょう。 📖 教科書 58ページ**1**

① $317+29+71$　　　② $428+54+146$

きほん3 計算のくふうができますか。

⭐ $248+329+52$の計算をしましょう。

とき方
$$248+\underline{329}+52=248+\underline{52}+329$$
←じゅんじょを入れかえる。
$$=(248+52)+329$$
←$248+52$をまとめる。
$$=\boxed{}+329$$
←$248+52$を先に計算する。
$$=\boxed{}$$

答え $\boxed{}$

---

3 くふうして、次の計算をしましょう。 📖 教科書 58ページ**1**

① $354+109+246$　　　② $538+149+62$

きほん4 暗算でたし算やひき算ができますか。

⭐ 暗算でしましょう。　① $58+36$　② $76-38$

とき方 ①《1》
$$58 \qquad + \qquad 36$$
$$50 \quad 8 \qquad \boxed{} \qquad 6$$
$$50+30=80$$
$$8+6=\boxed{}　だから、$$
$$80+\boxed{}=\boxed{}$$

《2》 58に40をたすと
4たしすぎるから、
$$58+36=58+40-\boxed{}$$
$$58+36=\boxed{}$$

②《1》ひく数の38を30と$\boxed{}$に分けて考えると、
$$76-30=46 \quad 46-\boxed{}=\boxed{}$$

《2》 40をひくと2ひきすぎるから、
$$76-40+2=\boxed{}$$

②《2》では、ひきすぎた分の2を、あとからたしているのね。

答え ① $\boxed{}$　② $\boxed{}$

---

4 暗算でしましょう。 📖 教科書 60ページ**1**

① $34+52$　　　② $27+46$

③ $64+85$　　　④ $59+63$

⑤ $89-25$　　　⑥ $154-69$

自分がやりやすい方法でしよう。

 まとめると100などになる数の組があると、次の計算がしやすくなるので、たし算のきまりをおぼえて、くふうして計算できるようにしていきましょう。

練習のワーク①

できた数

/16問中

おわったら
シールを
はろう

教科書　⊕48〜62ページ　　答え　5ページ

---

1 3けたの筆算　次の計算をしましょう。

① 　725
　 +164

② 　374
　 +529

③ 　853
　 −246

④ 　602
　 −406

ちゅうい

くり上げやくり下げをしたときには、その数をわすれないように、かいておきましょう。

（れい・たし算）

$$\begin{array}{r} 1\ 1 \\ 846 \\ +275 \\ \hline 1121 \end{array}$$

（れい・ひき算）

$$\begin{array}{r} 8\ 0 \\ \not{9}\not{1}4 \\ -639 \\ \hline 275 \end{array}$$

---

2 4けたの筆算　次の計算をしましょう。

① 　4665
　 +718

② 　2057
　 +7454

③ 　5569
　 −1831

④ 　9032
　 −2578

---

3 3けたの計算　赤い色紙が346まいあります。青い色紙は赤い色紙より157まい多いそうです。青い色紙は何まいありますか。

式

答え（　　　　　　　　）

考え方

3 多いほうの数をもとめる⇨たし算で考えます。

346まい　157まい
□まい

4 のこっている数をもとめる⇨ひき算で考えます。

7248こ
□こ　3657こ

---

4 4けたの計算　工場のそう庫に品物が7248こありました。このうち3657こを外に運び出しました。そう庫にのこっているのは何こですか。

式

答え（　　　　　　　　）

---

5 3つの数のたし算　くふうして、次の計算をしましょう。

① 428+59+41

② 319+77+181

---

6 暗算　暗算でしましょう。

① 19+21

② 36+45

③ 99−29

④ 108−59

できる ナビ　けた数の多いたし算やひき算は、筆算で計算するようにしましょう。

練習のワーク❷

教科書 ㊤48〜62ページ 　答え 5 ページ

できた数

／15問中

おわったら
シールを
はろう

1 3、4けたの筆算　次の計算をしましょう。

① 478
　+314

② 613
　+249

③ 754
　−639

④ 901
　−587

⑤ 3214
　+5786

⑥ 3059
　+6243

⑦ 6287
　−4165

⑧ 8014
　−3179

2 3けたの計算　お金を 980 円持っています。そのうち、216 円使いました。のこっているお金は何円ですか。

式

答え（　　　　　　　）

3 4けたの計算　ぼく場に 5012 頭の牛がいます。このうち、2208 頭はおすの牛でした。めすの牛は何頭ですか。

式

答え（　　　　　　　）

4 3つの数のたし算　86 円のクリームパンと、153 円のコロッケパンと、247 円のオレンジジュースを買うと、代金は何円ですか。

式

答え（　　　　　　　）

5 暗算　暗算でしましょう。

① 28+32　　② 49+53　　③ 60−18　　④ 186−99

できるナビ　暗算のたし算やひき算は、数のしくみを使ってくふうしましょう。自分のやりやすい計算のしかたを見つけましょう。

④ 筆算のしかたを考えよう たし算とひき算

まとめのテスト①

教科書 （上 48～62ページ　答え 5ページ

時間 20分

とく点
/100点

おわったら
シールを
はろう

1 よく出る 次の計算をしましょう。 1つ5〔20点〕

① 　 279
　＋604

② 　 829
　－345

③ 　 6234
　＋ 829

④ 　 4825
　－ 936

2 次の計算をしましょう。 1つ5〔20点〕

① 511＋792

② 907－214

③ 5567＋1823

④ 179＋86＋114

3 暗算でしましょう。 1つ8〔40点〕

① 57＋24

② 84＋45

③ 64＋78

④ 71－9

⑤ 142－67

4 あつ子さんは、705円の絵の具と188円の絵筆を買いました。代金は何円ですか。 1つ5〔10点〕

式

答え（　　　　　　　）

5 ある学校では、コピー用紙を、先週は1755まい、今週は2352まい使いました。先週と今週で、使ったまい数のちがいは何まいですか。 1つ5〔10点〕

式

答え（　　　　　　　）

チェック✓ □3けたのたし算とひき算ができたかな？
□4けたのたし算とひき算ができたかな？

まとめのテスト❷

時間 20分

とく点 /100点

おわったら シールを はろう

教科書 ㊤48〜62ページ　答え 5 ページ

1 よく出る 次の計算をしましょう。　　　　1つ5〔20点〕

① 308
+292

② 503
−216

③ 3265
+2766

④ 5236
−3451

2 次の計算をしましょう。　　　　1つ5〔20点〕

① 878+122

② 724−389

③ 5629−3762

④ 277+86+123

3 暗算でしましょう。　　　　1つ8〔40点〕

① 43+36

② 68+9

③ 97−23

④ 62−45

⑤ 168−83

4 45円のあめと38円のガムを買いました。代金は何円ですか。
暗算でしましょう。　　　　1つ5〔10点〕

式

答え（　　　　　　）

5 128ページの本を72ページ読みました。あと何ページ
のこっていますか。暗算でしましょう。　　　　1つ5〔10点〕

式

答え（　　　　　　）

ふろくの「計算練習ノート」6〜8ページをやろう！

 チェック ✓
□ たし算を暗算でできたかな？
□ ひき算を暗算でできたかな？

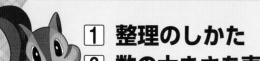

① 整理のしかた
② 数の大きさを表すグラフ　[その1]

きほんのワーク

教科書　上 64〜69ページ　　答え　5 ページ

きほん① 調べたことをわかりやすく表に整理することができますか。

☆ たかやさんの組の人たちがかっているペットを調べたら、下の表のようになりました。これをもう1つの表に整理しましょう。

ペット調べ

犬	正正
金魚	正一
小鳥	下
モルモット	T
ねこ	正T
ハムスター	T
うさぎ	一

ペット調べ

ペット	数（ひき）
犬	9
金魚	
小鳥	
ねこ	
その他	
合　計	

とき方 表にまとめるときには、 正 の字を使います。表には、何を調べたか、表題をつけます。また、少ないものは その他 としてまとめ、合計をかくらんもつくります。

答え 左の表に記入

ー…1　T…2
下…3　正…4
正…5　正一…6
正T…7　を表すよ。

---

1 ゆりさんたちは、すきなくだものを、下のように1人1つずつカードにかきました。左の表に「正」の字をかいて人数を調べてから、右の表に整理しましょう。

📖教科書 65ページ①

メロン	いちご	りんご	さくらんぼ	いちご
りんご	さくらんぼ	いちご	ぶどう	メロン
いちご	バナナ	メロン	いちご	さくらんぼ

いちご	
メロン	
りんご	
ぶどう	
さくらんぼ	
バナナ	

すきなくだもの調べ

くだもの	人数（人）
いちご	
メロン	
りんご	
さくらんぼ	
その他	
合　計	

合計もわすれずにかくんだね。

江戸時代は、数えるときに、「正」を使わず、「玉」の字で数えていたんだよ。

⭐ 下のぼうグラフは、文ぼう具のねだんを表したものです。いちばんねだんが高い文ぼう具は何で、ねだんは何円ですか。

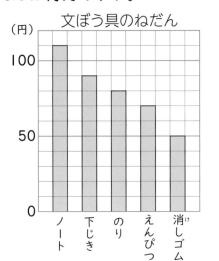

文ぼう具のねだん

とき方 いちばんぼうが長いのは ☐ のところです。

1めもりは ☐ 円を表しているので、いちばん長いぼうは、☐ 円となります。

たいせつ ☆
数の大きさをぼうの長さで表したグラフを、**ぼうグラフ**といいます。1めもりの大きさがいくつを表しているかに気をつけ、ぼうの長さを見ていきます。

答え 文ぼう具 ☐

ねだん ☐ 円

---

② 下のぼうグラフを見て、問題に答えましょう。

📖教科書 67ページ1 68ページ2

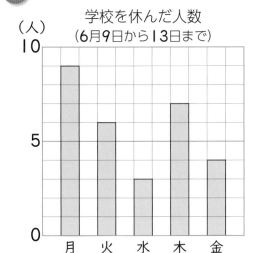

学校を休んだ人数
(6月9日から13日まで)
(人)

❶ 1めもりは何人を表していますか。

( )

❷ 木曜日に休んだ人は何人ですか。

( )

❸ 学校を休んだ人数がいちばん少ないのは、何曜日ですか。

( )

---

③ 次のぼうグラフの1めもりが表している大きさとぼうが表している大きさを、単位もつけてかきましょう。

📖教科書 69ページ3

❶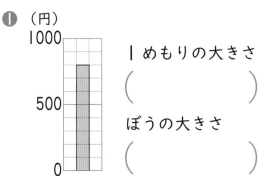

1めもりの大きさ

( )

ぼうの大きさ

( )

❷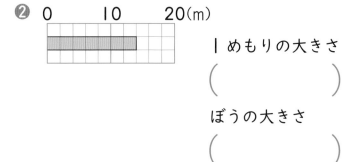

1めもりの大きさ

( )

ぼうの大きさ

( )

📍**ポイント** 調べたことを整理して、表にわかりやすく表したり、ぼうグラフのぼうの長さでいろいろな大きさを表したりできるようにします。

2 **数の大きさを表すグラフ** [その2]
3 **表とグラフの見方**

きほんのワーク

もくひょう・
ぼうグラフのかき方と表を1つにまとめることを学習しよう。

おわったら
シールを
はろう

教科書 ⊥70〜79ページ　答え 6ページ

きほん1　ぼうグラフをかくことができますか。

☆ 下の表は、3年1組の人が1週間に図書室で読んだ本のしゅるいと数を表したものです。これをぼうグラフに表しましょう。

読んだ本の数

しゅるい	物語	図かん	伝記	その他
本の数（さつ）	9	3	6	4

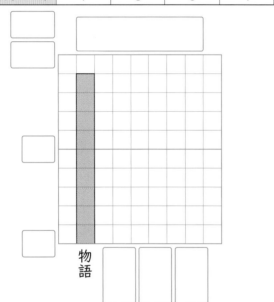

物語

とき方 ぼうグラフは次のようにしてかきます。

1 横のじくに本のしゅるいを多いじゅんにかく。

2 いちばん多い本の数が表せるように、たてのじくの1めもりの数をきめる。

3 めもりが表す数と単位をかく。

4 本の数にあわせてぼうをかく。

5 表題と調べた月日などをかく。

「その他」は数が多くても、最後にかくんだよ。

答え　左の問題に記入

1 下の表は、3年生の人たちの住んでいる町べつの人数を調べて、まとめたものです。これをぼうグラフに表しましょう。

📖教科書 70ページ4

3年生の町べつの人数

町名	人数（人）
東町	18
西町	10
南町	26
北町	13
その他	6

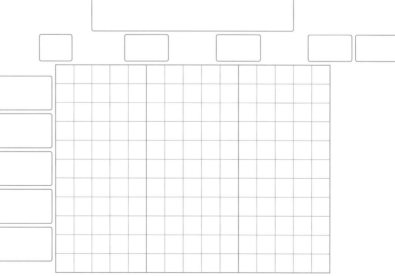

さんすうはかせ　数えるときの「正」の字は中国や韓国でも使われているよ。

☆下の表は、３年生の１組、２組、３組の人の先月のけがのようすを調べたものです。けがのようすを１つの表にまとめましょう。

けが調べ(3年1組)

しゅるい	人数(人)
すりきず	6
打ぼく	4
切りきず	8
つき指	5
その他	3
合計	26

けが調べ(3年2組)

しゅるい	人数(人)
すりきず	5
打ぼく	2
切りきず	7
つき指	6
その他	2
合計	22

けが調べ(3年3組)

しゅるい	人数(人)
すりきず	8
打ぼく	5
切りきず	6
つき指	3
その他	3
合計	25

けが調べ（３年生） （人）

しゅるい ＼ 組	１組	２組	３組	合計
すりきず	6	5	8	19
打ぼく	4	2		
切りきず	8			
つき指				
その他				
合計				⑦

とき方 それぞれの組のけがをした人数を表にかき、たてと横の合計もかきます。⑦のところのたての合計と横の合計が同じになっていることを、たしかめます。

答え 上の表に記入

2 次の表は、３年生の５月から７月までのそれぞれの組のけっせき者の数を、月ごとにまとめたものです。

教科書 73ページ**1** 78ページ**3**

けっせき者の数(5月)

組	人数(人)
１組	7
２組	13
３組	9
合計	29

けっせき者の数(6月)

組	人数(人)
１組	11
２組	12
３組	8
合計	31

けっせき者の数(7月)

組	人数(人)
１組	9
２組	7
３組	12
合計	28

❶ 上の３つの表を、右の表に１つにまとめましょう。

けっせき者の数(5月から7月まで) (人)

組 ＼ 月	５月	６月	７月	合計
１組				
２組				
３組				
合計				⑦

❷ ５月から７月までで、けっせき者の数がいちばん少なかったのは、何組ですか。

( )

❸ 表の⑦にはいる人数は、何を表していますか。

( )

ポイント ぼうグラフに表すと、大きさがくらべやすくなってべんりです。いくつかの表を１つの表にまとめると、全体のようすがわかりやすくなります。

⑤ 調べたことをグラフや表に整理しよう　ぼうグラフ

練習のワーク

教科書 ㊤64〜82ページ　答え 6 ページ

できた数

／7問中

おわったら
シールを
はろう

1 **ぼうグラフをかく**　下の表は、1組で、家族の人数を調べたものです。

家族の人数調べ（1組）

家族の人数	2人	3人	4人	5人	6人	7人
家の数（けん）	1	6	12	8	2	4

（けん）

家族の人数調べ（1組）

0

❶　上の表を、ぼうグラフに表します。
1めもりが表している大きさを何けん
にすればよいですか。
いちばん多いけん数が
かける大きさにします。

（　　　　　　　　）

❷　上の表を、家族の人数のじゅんでぼ
うグラフに表しましょう。

❸　何人家族がいちばん多いですか。

（　　　　　　　　）

❹　何人家族がいちばん少ないですか。

（　　　　　　　　）

❺　5人家族の家と6人家族の家の数は、何けんちがいますか。

（　　　　　　　　）

2 **ぼうグラフをえらぶ**　5月と6月に図書室から
かりられた物語と伝記の本の数を調べました。
次のことがよみとりやすいのは、右の㋐、㋑の
どちらのグラフですか。記号で答えましょう。

❶　5月と6月をあわせて、多くかりられた
のは、物語と伝記のどちらですか。

（　　　　　　　　）

❷　物語が多くかりられたのは、5月と6月
のどちらですか。

（　　　　　　　　）

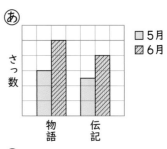

㋐
さっ数
物語　伝記
□5月
▨6月

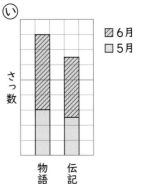

㋑
さっ数
物語　伝記
▨6月
□5月

できるナビ　ぼうグラフのかき方やよみ方をおぼえ、使えるようにしましょう。

まとめのテスト

時間 20分

とく点
/100点

おわったら
シールを
はろう

教科書 ⊕ 64〜82ページ　答え 7 ページ

1 よく出る 右のぼうグラフは、まゆみさんが先週1週間に家で本を読んだ時間を表したものです。　1つ10〔30点〕

❶ 本を読んだ時間がいちばん長かったのは何曜日ですか。

（　　　　　　）

❷ 金曜日は何分間本を読みましたか。

（　　　　　　）

❸ 木曜日の2倍の時間本を読んだのは何曜日ですか。

（　　　　　　）

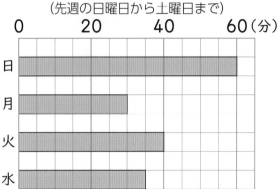

本を読んだ時間
（先週の日曜日から土曜日まで）

2 よく出る 3年生の2クラスですきなスポーツのしゅるいを調べて、下の表にまとめました。表をかんせいさせましょう。また、右の図のようなぼうグラフに表します。つづきをかきましょう。　1つ35〔70点〕

すきなスポーツ調べ（3年生）（人）

しゅるい＼組	1組	2組	合計
野球	6	11	⑦
サッカー	9	8	⑦
バスケットボール	12	10	⑦
水泳	4	0	⑦
その他	2	3	⑦
合計	⑦	⑦	⑦

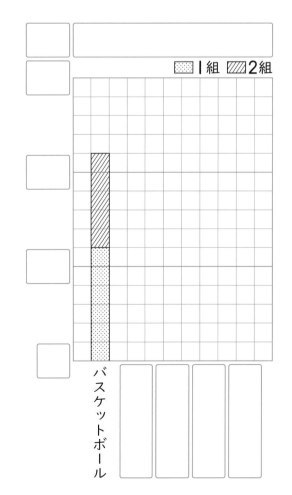

1組　2組

バスケットボール

1 あまりのあるわり算
2 答えのたしかめ

きほんのワーク

教科書　上 84〜90ページ　答え　7 ページ

きほん 1　あまりのあるわり算のしかたがわかりますか。

☆ 13このケーキを 1箱に 3こずつ入れると、何箱できて、何こあまりますか。

とき方　同じ数ずつ分けるので、式は 13÷ [　] となります。13÷3の答えを見つけるときも、3のだんの九九を使います。

箱が 3箱のとき　3×3＝9　13－9＝4　[　] こあまる。

箱が 4箱のとき　3×4＝[　]　13－[　]＝[　]　[　] こあまる。

箱が 5箱のとき　3×5＝[　]　15－[　]＝[　]　[　] こたりない。

箱が 5箱では、ケーキがたりないので、いちばん多くできた [　] 箱のときが答えになります。式で表すと、

13÷3＝4 あまり 1　とかきます。

答え [　] 箱できて、[　] こあまる。

たいせつ☆
あまりがあるときは、**わりきれない**といい、あまりがないときは、**わりきれる**といいます。

---

1 次のわり算は、わりきれるかわりきれないかをかきましょう。　　教科書 85ページ1

① 42÷6　（　　　）　　② 55÷9　（　　　）

③ 24÷7　（　　　）　　④ 48÷8　（　　　）

⑤ 28÷5　（　　　）　　⑥ 32÷4　（　　　）

きほん 2　わる数とあまりの関係がわかりますか。

☆ 19÷3＝4あまり7にまちがいがあれば、正しく計算しましょう。

とき方　あまりの 7が、わる数の 3より大きいので、正しくありません。答えは [　] あまり [　] となります。

答え　19÷3＝[　] あまり [　]

ちゅうい
わり算では、いつもあまりはわる数より小さくなります。
わる数＞あまり

34　 「■÷●＝▲あまり★」のとき、■は「わられる数」、●は「わる数」、▲を「商」、★を「あまり」といって、この商とあまりがわり算の答えになるよ。

2 次のわり算の答えが正しければ○を、まちがいがあれば正しい答えになおしましょう。

教科書 88ページ 3

① 28÷3＝8 あまり 4　　　　　　② 43÷7＝6 あまり 1

(　　　　　　　)　　　　　　　　(　　　　　　　)

③ 53÷9＝5 あまり 7　　　　　　④ 31÷6＝4 あまり 7

(　　　　　　　)　　　　　　　　(　　　　　　　)

3 おはじきが 53 こあります。7 人で同じ数ずつ分けると、1 人分は何こになりますか。また、おはじきは何こあまりますか。

教科書 89ページ 3

式

答え (　　　　　　　　　　　)

きほん 3 わり算の答えのたしかめのしかたがわかりますか。

☆ 19÷3＝6 あまり 1 としました。この答えが正しいかどうかをたしかめましょう。

とき方 たしかめは、下のように考えます。

19 ÷ 3 ＝ 6 あまり 1

3 × 6 ＋ 1 ＝ 19

19

3 × 6 1

答え 3×6＋1＝ □ より、正しい。

---

4 次のわり算の答えが正しいかどうか、( ) の中にたしかめの式をかいて、正しければ○を、まちがいがあれば正しい答えを、[ ] の中にかきましょう。

教科書 90ページ 1

① 29÷9＝3 あまり 1　　　(　　　　　　　)[　　　　]

② 32÷7＝4 あまり 4　　　(　　　　　　　)[　　　　]

5 次のわり算をして、答えのたしかめをしましょう。

教科書 90ページ 2

① 20÷3　　　　　　　　　たしかめ (　　　　　　　)

② 66÷7　　　　　　　　　たしかめ (　　　　　　　)

③ 53÷8　　　　　　　　　たしかめ (　　　　　　　)

ポイント たしかめの式にあてはまっても、あまりがわる数よりも大きくなってしまったら、まちがいです。あまりは、わる数よりも小さくなります。

35

もくひょう
わり算の問題をとくとき、あまりの意味を考えるようにしよう。

おわったらシールをはろう

③ あまりを考える問題

きほんのワーク

教科書　⬆92〜93ページ　　答え　8ページ

きほん❶　問題の意味にあうように、答えをもとめられますか。

⭐ 自動車に5人ずつ乗ります。32人が乗るには、自動車は何台いりますか。

とき方　式をかいて計算すると、□÷□=□あまり□

自動車が6台では、2人が乗れません。あまった2人が乗るためには、自動車がもう1台いります。

6+□=□　　答え □台

32人全員が乗れるようにするんだね。

❶ クッキーが29こあります。このクッキーを1ふくろに4こずつ入れます。全部のクッキーを入れるには、ふくろは何ふくろいりますか。　　📖教科書 92ページ❶

式

答え（　　　　　）

❷ 子どもが58人います。長いす1きゃくに6人ずつすわります。全員がすわるには、長いすは何きゃくいりますか。　　📖教科書 92ページ❶

式

答え（　　　　　）

❸ 75この荷物があります。これを1回に8こずつ運びます。全部運ぶには何回かかりますか。　　📖教科書 92ページ❶

式

答え（　　　　　）

❹ 50このボールを箱に9こずつ入れます。全部のボールを箱に入れるには、箱は何箱いりますか。　　📖教科書 92ページ❶

式

答え（　　　　　）

 わり算は同じ数ずつ分けるというのがきまりなんだ。だから、分けられないときはあまるし、さらに細かく分けるやり方もあとで学習するよ。

⭐ 26 このりんごを箱に 8 こずつ入れます。りんごが 8 こはいった箱は何箱できますか。

とき方 式をかいて計算すると、□ ÷ □ = □ あまり □

8 こはいった箱は □ 箱できて、りんごは □ こあまります。

8 こはいった箱の数を答えるので、あまった 2 こは考えません。

答え □ 箱

5 画びょうが 17 こあります。1 まいの絵をはるのに画びょうを 4 こ使います。何まいの絵をはることができますか。　📖教科書 93ページ**2**

式

答え（　　　　　　）

6 はばが 35 cm の本立てに、あつさ 4 cm の本を立てていきます。本は何さつ立てることができますか。　📖教科書 93ページ**2**

式

答え（　　　　　　）

7 バラの花が 54 本あります。8 本ずつたばにして、花たばをつくります。8 本の花たばは何たばできますか。　📖教科書 93ページ**2**

式

答え（　　　　　　）

8 71 cm の長さのリボンを 9 cm の長さに切っていきます。9 cm のリボンは何本できますか。　📖教科書 93ページ**2**

式

答え（　　　　　　）

ポイント あまりのあるわり算の問題をとくとき、あまった分をふやして答えるのか、はぶいて答えるのか、よく考えます。

⑥ あまりのあるわり算のしかたを考えよう あまりのあるわり算

練習のワーク

教科書 ⊕84～95ページ　答え 8ページ

勉強した日　月　日

できた数

/6問中

おわったら
シールを
はろう

1 あまりの大きさ 次のわり算の答えが正しければ○を、まちがいがあれば正しい答えになおしましょう。

① 45÷6＝7 あまり 3　（　　　　　　　）

② 58÷8＝6 あまり 10　（　　　　　　　）

ちゅうい

わり算のあまりは、わる数より小さくなります。たしかめの式であてはまっても、**あまりがわる数より大きくなってしまったらまちがいです。**

2 あまりのあるわり算 かきが 49 こあります。5 人で同じ数ずつ分けると、1 人分は何こになりますか。また、かきは何こあまりますか。

式

答え（　　　　　　　　　　　　　）

3 あまりを考える問題 1 まいの画用紙から 8 まいのカードがつくれます。カードを 62 まいつくるには、画用紙は何まいいりますか。

式

画用紙が 7 まいだと、カードは 56 まいしかつくれないね。

答え（　　　　　　　　）

4 あまりを考える問題 ドーナツが 38 こあります。1 箱に 6 こずつ入れると、6 こ入りのドーナツの箱は何箱できますか。

式

答え（　　　　　　　）

はってん 5 わり算の筆算 45÷7 を筆算でします。□にあてはまる数をかいて、答えをもとめましょう。

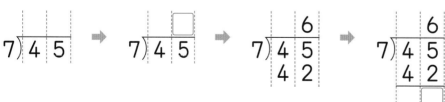

上のようにかく。　45 の一の位の上に 6 をかく。　「七六 42」の 42 を、45 の下にかく。　45－42 をし、答えの 3 を下にかく。3 があまりの数になる。

答え ☐

できるナビ あまりのあるわり算では、たしかめをしてミスをしないようにしましょう。

まとめのテスト

教科書　上84〜95ページ　答え　8ページ

時間 **20** 分

とく点 /100点

おわったら
シールを
はろう

---

1 よく出る わり算をしましょう。　　　　　　1つ4〔48点〕

① 47÷8　　　② 10÷6　　　③ 88÷9

④ 17÷2　　　⑤ 40÷7　　　⑥ 37÷4

⑦ 79÷8　　　⑧ 17÷9　　　⑨ 22÷3

⑩ 39÷5　　　⑪ 69÷7　　　⑫ 51÷6

2 次のわり算をして、答えのたしかめをしましょう。　　1つ4〔16点〕

① 30÷7　　　　　　　　　たしかめ（　　　　　　　　　）

② 78÷9　　　　　　　　　たしかめ（　　　　　　　　　）

3 いちごが35こあります。1人に4こずつ分けると何人
に分けられますか。また、何こあまりますか。　1つ6〔12点〕

式

答え（　　　　　　　　　）

4 計算問題が58題あります。毎日7題ずつとくと、全部とくに
は何日かかりますか。　　　　　　　1つ6〔12点〕

式

答え（　　　　　　　　　）

5 ジュースが7L あります。このジュースを8dL はいるびんに分けていきます。
8dL はいったびんは何本できますか。　　　　1つ6〔12点〕

式

答え（　　　　　　　　　）

ふろくの「計算練習ノート」10〜11ページをやろう！

チェック ☑ □ あまりのあるわり算ができたかな？
□ あまりの意味を考えて答えをもとめることができたかな？

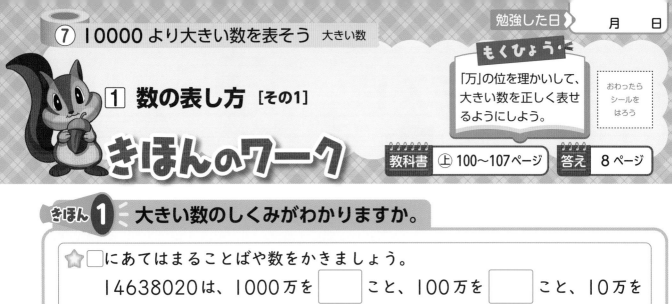

もくひょう
「万」の位を理かいして、大きい数を正しく表せるようにしよう。

おわったらシールをはろう

① 数の表し方 ［その1］

きほんのワーク

教科書　⊕ 100〜107ページ　　答え　8 ページ

きほん ① 大きい数のしくみがわかりますか。

☆ □にあてはまることばや数をかきましょう。

14638020 は、1000万を □ こと、100万を □ こと、10万を □ こと、1万を □ こと、1000を □ こと、10を □ こあわせた数です。また、漢字でかくと、□ です。

とき方　大きい数のしくみは次のようになっています。

千が10こで　　1万　→　　　10000
1万が10こで　10万　→　　100000
10万が10こで　100万　→　1000000
100万が10こで1000万　→　10000000

千万の位	百万の位	十万の位	一万の位	千の位	百の位	十の位	一の位
1	4	6	3	8	0	2	0

答え　問題文中に記入

1 数字で表された数は漢字で、漢字で表された数は数字でかきましょう。

教科書 102ページ ① ②

❶　79025

❷　三万二千五百四十

（　　　　　　　　　）（　　　　　　　　　）

2 □にあてはまる数をかきましょう。

教科書 102〜105ページ

❶　93814 は、10000を □ こと、1000を □ こと、100を □ こと、10を □ こと、1を □ こあわせた数です。

❷　1000万を2こと、100万を7こと、1万を5こあわせた数は □ です。

❸　1000を49こ集めた数は □ です。

❹　27000は1000を □ こ集めた数です。

❺　170000は10000を □ こ集めた数です。

さんすうはかせ　「万」の上の位は「億」で、その上の位は「兆」というよ。国の予算などで○兆円というお金を耳にするよね。

⭐ 下の数直線のアからエの数をかきましょう。

```
0        100000   200000   300000   400000   500000
├──┬──┬──┬──┬──┬──┬──┬──┬──┬──┬──┬──┤
   ↑          ↑          ↑              ↑
   ア         イ         ウ             エ
```

とき方 いちばん小さい1めもりが表す数の
大きさをまず考えます。いちばん小さい1
めもりの大きさは [　　　] です。

ちゅうい
上のような数の線のことを、**数直線**と
いいます。数直線では、右へいくほど
数は大きくなります。

答え ア [　　　] イ [　　　] ウ [　　　] エ [　　　]

③ 下の数直線について答えましょう。 📖 教科書 106ページ **4**

```
0        10000    20000    30000    40000    50000
├──┬──┬──┬──┬──┬──┬──┬──┬──┬──┬──┬──┤
   ↑              ↑              ↑
   ア             イ             ウ
```

① いちばん小さい1めもりはいくつですか。

（　　　　　　　　　　　）

② アからウの数をかきましょう。

ア（　　　　　） イ（　　　　　） ウ（　　　　　）

③ 32000を上の数直線に↑で表しましょう。

⭐ 下の数直線を見て、ア、イの数をかきましょう。

```
99999980        99999990
├──┬──┬──┬──┬──┬──┬──┬──┬──┬──┬──┤
                        ↑    ↑
                        ア   イ
```

とき方 いちばん小さい1めもりの大きさは [　　] です。アは [　　　　]、
イはアより3大きい数で、**一億** といい、[　　　　　] とかきます。

答え ア [　　　　] イ [　　　　]

④ 1000万を10こ集めた数はいくつですか。 📖 教科書 107ページ **5**

（　　　　　　　　　　　）

ポイント 数のしくみをたしかめます。1000万の位の次は一億の位で、1億は1000万を10こ集
めた数です。

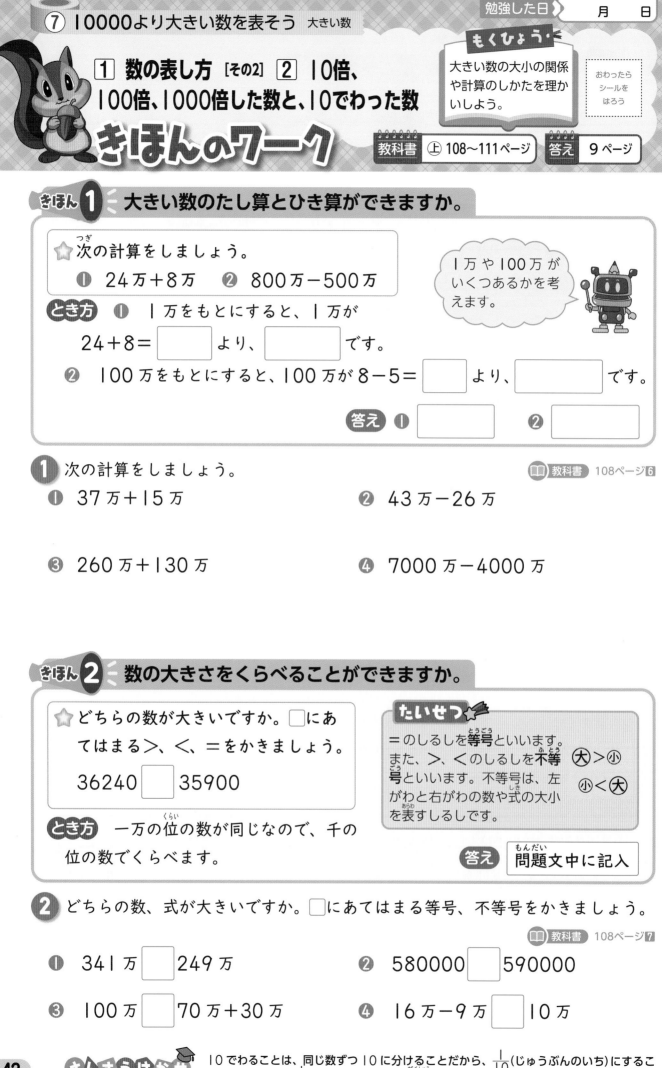

勉強した日　月　日

もくひょう・
大きい数の大小の関係や計算のしかたを理かいしよう。

おわったら
シールを
はろう

① 数の表し方 [その2]　② 10倍、100倍、1000倍した数と、10でわった数

きほんのワーク

教科書 ⊕ 108〜111ページ　答え 9ページ

きほん 1　大きい数のたし算とひき算ができますか。

☆ 次の計算をしましょう。
❶ 24万＋8万　❷ 800万−500万

1万や100万がいくつあるかを考えます。

とき方 ❶ 1万をもとにすると、1万が
24＋8＝ [　　] より、[　　] です。

❷ 100万をもとにすると、100万が8−5＝ [　　] より、[　　] です。

答え ❶ [　　]　❷ [　　]

1 次の計算をしましょう。

📖 教科書 108ページ 6

❶ 37万＋15万

❷ 43万−26万

❸ 260万＋130万

❹ 7000万−4000万

きほん 2　数の大きさをくらべることができますか。

☆ どちらの数が大きいですか。□にあてはまる＞、＜、＝をかきましょう。

36240 [　] 35900

たいせつ☆
＝のしるしを等号といいます。また、＞、＜のしるしを不等号といいます。不等号は、左がわと右がわの数や式の大小を表すしるしです。

大 ＞ 小
小 ＜ 大

とき方 一万の位の数が同じなので、千の位の数でくらべます。

答え 問題文中に記入

2 どちらの数、式が大きいですか。□にあてはまる等号、不等号をかきましょう。

📖 教科書 108ページ 7

❶ 341万 [　] 249万

❷ 580000 [　] 590000

❸ 100万 [　] 70万＋30万

❹ 16万−9万 [　] 10万

さんすうはかせ 10でわることは、同じ数ずつ10に分けることだから、$\frac{1}{10}$（じゅうぶんのいち）にすることと同じなんだ。$\frac{1}{10}$（分数）は、このあと学習するよ。

きほん 3　10倍、100倍、1000倍した数はどんな数になりますか。

⭐ 35円の10倍は何円ですか。また、35円の100倍、1000倍は何円ですか。

とき方　35を30と5に分けて、考えます。

35 < 30 →10倍→ [　　] →あわせて→ [　　]
5 →10倍→ [　　]

35の10倍の10倍が、35を100倍した数なので、35の100倍は [　　] です。

35の10倍の10倍の10倍が、35を1000倍した数なので、35の1000倍は [　　] です。

たいせつ☆
ある数を10倍すると、位が1つ上がり、もとの数の右に0を1つつけた数になります。

百	十	一	
	3	5	
3	5	0	←10倍

答え　10倍 [　　] 円
100倍 [　　] 円
1000倍 [　　] 円

---

3 □にあてはまる数をかきましょう。　📖教科書 110ページ12 111ページ3

① 40を10倍した数は [　　]、100倍した数は [　　]、1000倍した数は [　　] です。

② 58を10倍した数は [　　]、100倍した数は [　　]、1000倍した数は [　　] です。

きほん 4　一の位に0のある数を10でわった数は、どんな数になりますか。

⭐ 240を10でわった数はいくつですか。

とき方　10でわると、一の位の0をとった数になるので、[　　] になります。

答え [　　]

たいせつ☆
一の位に0のある数を10でわると、位が1つ下がり、一の位の0をとった数になります。

百	十	一	
2	4	0	
	2	4	←10でわる

---

4 次の数を10でわった数をかきましょう。　📖教科書 111ページ4

① 50　　　　② 700　　　　③ 3100

(　　　　)　(　　　　)　(　　　　)

ポイント　数を10倍すると、位が1つ上がり、もとの数の右に0を1つつけた数になり、100倍すると、位が2つ上がり、もとの数の右に0を2つつけた数になります。

練習のワーク

できた数
/18問中

おわったら
シールを
はろう

1 大きな数の表し方　数字でかきましょう。

① 六十万七千百八十　（　　　　　　　）

② 三千九百五万千二十六　（　　　　　　　）

位を表す 0 をか
きわすれないよ
うにしよう。

考え方

8	5	2	9	4	6	3	0
千万の位	百万の位	十万の位	一万の位	千の位	百の位	十の位	一の位

2 大きな数のしくみ　□にあてはまる数をかきましょう。

① 85294630 の一万の位の数字は　□

で、千万の位の数字は　□　です。

② 1000 万を 10 こ集めた数を一億といい、　□　とかきます。
└ 10 倍した数のこと。

3 数直線　下の数直線について答えましょう。

```
260000      270000      280000      290000

  ↑アからウ
      ア          イ                    ウ
```

いちばん小さい 1 めもり
は、10 こで 10000 に
なる数だから 1000 を
表しています。

① アからウが表す数をかきましょう。

ア（　　　　　）イ（　　　　　）ウ（　　　　　）

② 274000、289000 を上の数直線に ↑ で表しましょう。

4 等号、不等号　□にあてはまる等号、不等号をかきましょう。

① 92100 □ 91300

② 547280 □ 551120

③ 30000＋70000 □ 100000
10000 を 3＋7＝10 の
10 こ集めた数になります。

④ 800 万－600 万 □ 300 万
100 万をもとにして計算します。

5 10 倍、100 倍、1000 倍の数や 10 でわった数　670 を 10 倍、100 倍、1000 倍し
た数、10 でわった数をかきましょう。

10 倍した数　（　　　　　）　100 倍した数　（　　　　　）
100 倍は 10 倍の 10 倍と考えます。

1000 倍した数（　　　　　）　10 でわった数（　　　　　）
1000 倍は 10 倍の 10 倍の 10 倍と考えます。　一の位の 0 をとった数になります。

できるナビ　大きい数では 0 のかきわすれや数えまちがいをしないように注意しましょう。

まとめのテスト

時間 **20** 分

とく点
/100点

おわったら
シールを
はろう

教科書 （上 100～113、153ページ　答え **9** ページ

1 よく出る　10万を20こと、100を60こあわせた数を数字でかきましょう。

〔10点〕

(　　　　　　　　　　　　　　)

2 よく出る　□にあてはまる数をかきましょう。

1つ5〔25点〕

470000　⑦[　　　]　490000　⑦[　　　]　510000　520000

⑦[　　　]　8000万　8500万　⑦[　　　]　9500万　⑦[　　　]

3 どちらの数、式が大きいですか。□にあてはまる等号、不等号をかきましょう。

1つ10〔20点〕

❶ 3274516 [　] 3274156　　　❷ 54000 [　] 4000＋50000

4 次の計算をしましょう。

1つ5〔10点〕

❶ 180万＋370万　　　　❷ 3100万−2500万

5 970000 はどんな数ですか。□にあてはまる数をかきましょう。

1つ10〔20点〕

❶ 900000 と [　　　] をあわせた数　　❷ 1000 を [　　　] こ集めた数

6 0から9までの10この数字のうち8この数字を1回ずつ使って、8けたの数をつくります。

1つ5〔15点〕

❶ 一の位が0となる数で、いちばん小さい数をかきましょう。

(　　　　　　　　　　　　　　)

❷ いちばん大きい数からいちばん小さい数をひいた数をかきましょう。

(　　　　　　　　　　　　　　)

❸ 12000000 よりも小さく、12000000 にいちばん近い数をかきましょう。

(　　　　　　　　　　　　　　)

ふろくの「計算練習ノート」16ページをやろう！

□ 大きい数を数字でかくことができたかな？
□ 大きい数のたし算とひき算ができたかな？

45

① 長さ調べ
② 道のりときょり

きほんのワーク

教科書　上 116〜121ページ　　答え　9ページ

きほん 1　1mより長いもののはかり方がわかりますか。

☆ ㋐から㋓のものをはかるには、ものさしとまきじゃくのどちらを使うとべんりですか。

㋐　ノートのたての長さ　　　㋑　黒板の横の長さ

㋒　木のまわりの長さ　　　　㋓　学校のろうかの長さ

とき方　1mより長いものや、まるいもののまわりをはかるときは、まきじゃくを使うとべんりです。

1mより長いものは [　] と [　]、まるいものは [　] です。

答え ものさしを使う [　]　　まきじゃくを使う [　] と [　] と [　]

① ㋐から㋔の長さをはかるには、まきじゃくとものさしのどちらを使うとべんりですか。㋐から㋔の記号で答えましょう。

教科書 117ページ１
119ページ３

㋐　学校のプールの横の長さ　　㋑　本のあつさ

㋒　えんぴつの長さ　　　　　　㋓　頭のまわりの長さ

㋔　教室のたての長さ

まきじゃく（　　　　　　　　　　）　ものさし（　　　　　　　　　　）

② 下のまきじゃくのアからオのめもりをよみましょう。

教科書 119ページ４

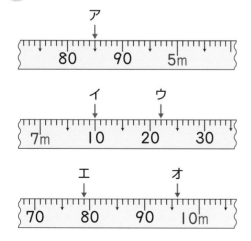

ア（　　　　　　　）

イ（　　　　　　　）

ウ（　　　　　　　）

エ（　　　　　　　）

オ（　　　　　　　）

さんすうはかせ　「じょうぎ」は線などをひくための文ぼう具で、「ものさし」はものの長さをはかるための道具のことをいうよ。

きほん2 長い長さを表す単位がわかりますか。

☆ 家から小学校までの道のりは 1400 m です。これは何 km 何 m ですか。

とき方 1000 m は 1 km だから、

1400 m は、

[　] km [　] m になります。

答え [　] km [　] m

たいせつ☆

道のりとは、道にそってはかった長さのことです。
1000 m を 1 キロメートルといい、1 km とかきます。　1 km=1000 m

3 □にあてはまる数をかきましょう。

📖教科書 120ページ**1**

① 6000 m=[　] km

② 5200 m=[　] km [　] m

③ 7 km 800 m=[　] m

④ 3 km 40 m=[　] m

④では、340 m としたり、3400 m としないように気をつけよう。

きほん3 長さの計算のしかたがわかりますか。

☆ 家から公園までの道のりは 800 m、公園から駅までの道のりは 300 m です。家から公園の前を通って、駅までの道のりは何 km 何 m ですか。

とき方 道のりは、同じ単位どうしでたし算をして、何 km 何 m にします。

800 m+300 m=1100 m

1100 m=[　] km [　] m

家　　　　　　公園　　駅
|←――― 800m ―――→|←300m→|

答え [　] km [　] m

4 右の図を見て、問題に答えましょう。

📖教科書 120ページ**1**

① たかしさんの家から学校までの道のりは何 km 何 m ですか。また、たかしさんの家から学校までのきょりは何 km 何 m ですか。

道のり （　　　　　）

きょり （　　　　　）

学校
たかしさんの家　1100m　　600m
800m

② たかしさんの家から学校までの道のりときょりをくらべ、ちがいをもとめましょう。

（　　　　　）

まっすぐにはかった長さを「きょり」というよ。

ポイント 道にそってはかった長さを「道のり」といい、まっすぐにはかった長さを「きょり」といいます。道のりときょりのちがいに気をつけましょう。

47

練習のワーク

できた数

／16問中

おわったら
シールを
はろう

勉強した日　月　日

1 長さの単位　（　）にあてはまる、長さの単位をかきましょう。

❶　1時間に歩く道のり　3（　　　）

❷　絵本のあつさ　6（　　　）

❸　はがきの横の長さ　10（　　　）

❹　木の高さ　9（　　　）

長さの単位

1cm＝10mm　1m＝100cm　1km＝1000m

2 長さの単位　□にあてはまる数をかきましょう。

❶　8000m＝□km

❷　2500m＝□km□m

❸　6520m＝□km□m

❹　3840m＝□km□m

❺　4km＝□m

❻　10km＝□m

❼　2km300m＝□m

❽　5km30m＝□m

❾　6km500m＝□m

❿　9km6m＝□m

3 道のりときょり　右の地図を見て答えましょう。

❶　ふみやさんの家から図書館までのきょりは
何km何mですか。

（　　　　　　　）

❷　ふみやさんの家から図書館まで行くのに、
学校の前を通って行くのと、ゆうびん局の前
　└長さは同じ単位どうしで計算します。
を通って行くのでは、道のりのちがいは何m
ですか。

（　　　　　　　）

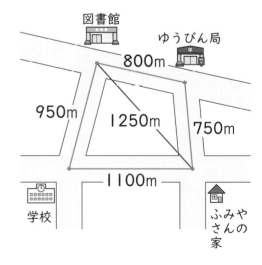

道のりときょり

「道のり」…道にそってはかった長さ　　「きょり」…まっすぐにはかった長さ

できるナビ　長さを計算するときは同じ単位どうしで計算することに注意しましょう。

まとめのテスト

教科書 ㊤ 116〜124ページ 答え 10ページ

時間 **20**分

とく点 /100点

おわったら シールを はろう

1 □にあてはまる数をかきましょう。

1つ7〔42点〕

① 9000m = □ km

② 2800m = □ km □ m

③ 4350m = □ km □ m

④ 6km = □ m

⑤ 5km110m = □ m

⑥ 7km23m = □ m

2 下のまきじゃくのアからエのめもりは、それぞれ何m何cmを表していますか。

1つ7〔28点〕

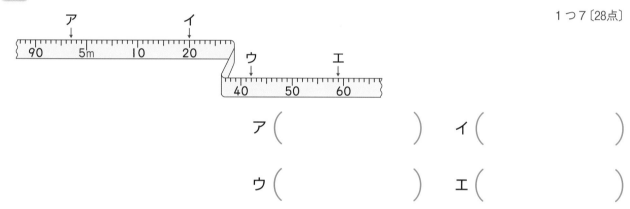

ア (　　　　　　　)　　イ (　　　　　　　)

ウ (　　　　　　　)　　エ (　　　　　　　)

3 右の図を見て、下の問題に答えましょう。

1つ10〔30点〕

① みきさんの家から工場までのきょりは何km何mですか。

(　　　　　　　)

② みきさんの家から学校までの道のりは何km何mですか。

(　　　　　　　)

③ やすよさんの家から公園までの道のりときょりをくらべ、ちがいをもとめましょう。

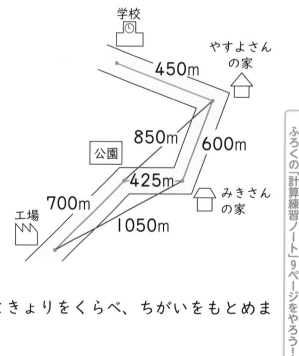

(　　　　　　　)

ふろくの「計算練習ノート」9ページをやろう!

□ 長さの単位をかえて表すことができたかな?
□ 道のりときょりをもとめることができたかな?

⑨ まるい形を調べよう　円と球

① 円
② 球

きほんのワーク

もくひょう・
円のせいしつや、コンパスの使い方、球の形について学習しよう。

おわったらシールをはろう

教科書　⊕126～135ページ　答え　10ページ

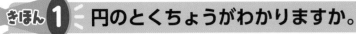

きほん 1　円のとくちょうがわかりますか。

☆右の円について答えましょう。
❶　半径が4cmのとき、直径は何cmですか。
❷　右の円の中にひいた直線のうちで、いちばん長い直線はどれですか。

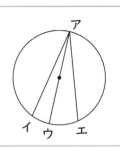

とき方　❶　直径の長さは半径の
[　　]倍なので、[　　]cm です。

❷　円の中にひいた直線の中で、いちばん長いのは直径なので、直線[　　]になります。

答え　❶ [　　]cm　❷ 直線[　　]

たいせつ☆
右にかいたようなまるい形を**円**といいます。円の真ん中の点を円の**中心**、中心から円のまわりまでひいた直線を**半径**といいます。中心を通って、円のまわりからまわりまでひいた直線を**直径**といいます。直径の長さは半径の2倍です。

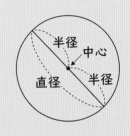

1　□にあてはまる数をかきましょう。

📖教科書　127ページ■
129ページ❷

❶　半径が7cmの円の直径は、[　　]cm です。

❷　直径が16cmの円の半径は、[　　]cm です。

1つの円の半径や直径はみんな同じ長さだね。

きほん 2　コンパスを使って、円がかけますか。

☆半径が2cmの円をかきましょう。

とき方　コンパスを使うと、円を正しくかくことができます。円をかくじゅんじょは、次のようにします。
1　コンパスを半径2cmの長さに開く。
2　中心をきめて、はりをさす。
3　はりがずれないようにして、まわしてかく。

答え

2　コンパスを使って、次の円をノートにかきましょう。
📖教科書　130ページ❸

❶　半径が4cmの円　　❷　半径が7cmの円　　❸　直径が12cmの円

50

さんすうはかせ　円をたて方向や横方向にのばしたり、ちぢめたりした形を「だ円」というよ。

⭐ コンパスを使って、下の直線を 2cm ずつ区切りましょう。

2cm

とき方 コンパスを使って、しるしをつけていきます。

１ コンパスを 2cm の長さに開く。

２ 直線の左はしにはりをさす。

３ 直線に区切りを入れる。これをくり返す。

コンパスは、長さをうつすときにも使えるよ。

答え 上の図に記入

3 コンパスを使って、アからイまでの長さを下の直線の上にうつしとりましょう。

📖 教科書 132ページ 5

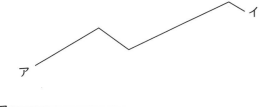
① アからイ

ア

② アからイ

ア

⭐ 球の形をしたものをえらびましょう。 あ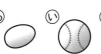 い う

とき方 どこから見ても円に見える形を 球 といいます。あはまるい形に見えますが、ゆがんでいます。うは真横から見ると長方形に見えます。

答え □

たいせつ⭐

球を切った切り口はみんな円で、球を半分に切ると、切り口の円がいちばん大きくなります。この切り口の円の中心、半径、直径を、それぞれ球の中心、半径、直径といいます。

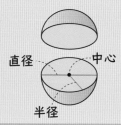
直径　中心　半径

4 □にあてはまる数やことばをかきましょう。

📖 教科書 134ページ 1

① 球はどこで切っても、切り口の形は □ です。

② 直径が 12cm の球の半径は、 □ cm です。

③ 半径が 5cm の球の直径は、 □ cm です。

ポイント　１つの円や球では、半径や直径の長さはみんな同じです。球は、ちょうど半分に切ったときの切り口の円がいちばん大きくなります。

練習のワーク

勉強した日 ▶ 　　月　　日

できた数

／9問中

おわったら
シールを
はろう

1 円と球のとくちょう　□にあてはまることばや数をかきましょう。

❶ 直径が 10cm の円の半径は、□ cm です。

❷ 球を真上から見ると、□ に見えます。

❸ 半径が 6cm の球の直径は、□ cm です。

球はどこから見て
も円に見えるね。

2 円のとくちょう　下の円の半径と直径の長さは何cm ですか。

❶

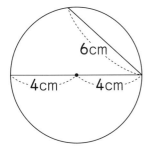

6cm
4cm　4cm

❷

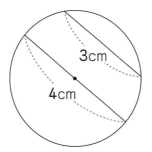

3cm
4cm

円の半径と直径

円の中心から円のまわ
りまでひいた直線を**半
径**、円の中心を通って
円のまわりからまわり
までひいた直線を**直径**
といいます。

半径 (　　　　　　　)　　半径 (　　　　　　　)

直径 (　　　　　　　)　　直径 (　　　　　　　)

3 円のとくちょう　右のように、半径が 9cm
の円の直径の上に同じ大きさの円が 3つ
ならんでいます。小さい円の直径は何cm
ですか。

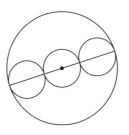

考え方

大きい円の直径の
長さは 18cm です。
小さい円の直径の
3つ分になってい
ます。

(　　　　　　　　　　)

4 球のとくちょう　直径が 8cm のボールが 3こあります。これを
右のようなつつの中にきちんと入れるには、つつの高さは何cm
あればよいですか。

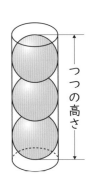

つつの高さ

(　　　　　　　　　　)

できる ナビ　円や球のとくちょうをおぼえておきましょう。

 まとめのテスト

とく点

/100点

おわったら
シールを
はろう

教科書 ⊕ 126〜137ページ　答え 11ページ

1 右の長方形の中に半径 3cm の円を、重ならないように
できるだけたくさんかくと、何こかけますか。　〔20点〕

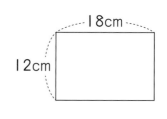

18cm

12cm

( )

2 よく出る 右の図のように、直径 4cm の円をならべました。　1つ15〔30点〕

① 直線アイの長さは何cm ですか。

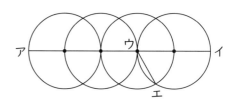

( )

② 直線ウエの長さは何cm ですか。

( )

3 よく出る 右の図のように、箱の中に同じ大きさ
のボールがきちんとはいっています。　1つ15〔30点〕

① ボールの直径は何cm ですか。

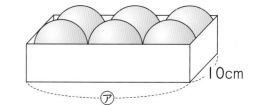

10cm

⑦

( )

② 箱の⑦の長さは何cm ですか。

( )

4 コンパスを使って、下の左の図と同じもようをかきましょう。　〔20点〕

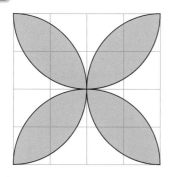

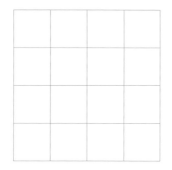

 チェック ☑ □ 円や球のとくちょうを使って答えをもとめることができたかな？
□ コンパスを正しく使うことができたかな？

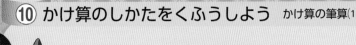

□1 何十、何百のかけ算
□2 ２けたの数にかける計算

もくひょう・
かけられる数が大きい
数のかけ算のしかたを
学習しよう。

おわったら
シールを
はろう

きほんのワーク

教科書 ⬇ 6〜14ページ　　答え 11ページ

きほん 1 （何十）×（何）や、（何百）×（何）の計算ができますか。

☆ 次の代金は何円ですか。

❶ １こ 30円の消しゴム５こ　　❷ １ふくろ 400円のあめ３ふくろ

とき方 ❶　代金をもとめる式は、□×5です。30は 10が 3こだから、

30×5では 10が 3×□＝□で□こになります。

❷　代金をもとめる式は、□×3です。400は 100が 4こだから、

400×3では 100が□×□＝□で□こになります。

答え ❶ □円　　❷ □円

① かけ算をしましょう。

📖教科書 7ページ12
　　　　8ページ2

❶ 60×8　　❷ 90×7　　❸ 700×4　　❹ 800×6

きほん 2 くり上がりのない（２けた）×（１けた）の筆算ができますか。

☆ 24本入りのえんぴつの箱が２箱あります。全部で何本のえんぴつがありますか。

とき方　えんぴつの本数をもとめる式は、□×□です。筆算で計算するときは、位をそろえてかいて、位ごとに計算します。

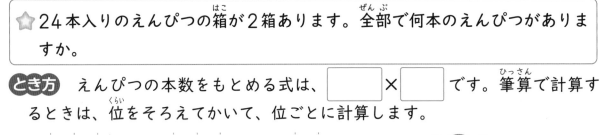

位をそろえて
かく。

二四が 8

二二が 4

24×2
< 20×2＝40
　 4×2＝ 8
→40＋8＝48
と考えるんだね。

答え □本

② かけ算をしましょう。

📖教科書 9ページ1

❶ 　23
　×　2

❷ 　13
　×　3

❸ 　32
　×　2

❹ 　11
　×　6

❺ 　20
　×　4

【九九の表①】けた数がふえてもかけ算のきほんは九九の表だよ。その九九の答えで、一の位の数が全部ちがうだんはどのだんか調べてみよう。

☆ 43×8の計算をしましょう。 **とき方** 位をそろえて、筆算の形でかいて、

一の位から、かける数の九九を使って計算します。

くり上がりを
わすれないよ
うにしよう。

一の位の計算

十の位の計算

```
    4 3
  ×   8
```
→
```
    4 3↑
  ×   8
    2□
```
ハ三　24
2 をくり上げる。
→
```
    4 3↖
  ×   8
  □ □ 4
```
ハ四　32
32＋2＝34

答え □

3 かけ算をしましょう。

📖教科書 12ページ**2** 13ページ**3 4**

❶
```
    2 6
  ×   3
```
❷
```
    4 5
  ×   2
```
❸
```
    8 2
  ×   4
```
❹
```
    4 2
  ×   9
```
❺
```
    6 4
  ×   5
```

☆ はるなさんは 59 円の消しゴムを 7 こ買いました。代金は何円ですか。

とき方 代金をもとめる式は、□×□です。筆算で計算するときは、位

をそろえてかいて、一の位からじゅんに、かける数の九九を使って計算します。

一の位の計算

十の位の計算

```
    5 9
  ×   7
```
→
```
    5 9↑
  ×   7
    6□
```
七九　63
6 をくり上げる。
→
```
    5 9↖
  ×   7
  □ □ 3
```
七五　35
35＋6＝41

くり上がりに
注意しよう。

答え □ 円

4 かけ算をしましょう。

📖教科書 14ページ**5 6**

❶
```
    4 7
  ×   7
```
❷
```
    7 9
  ×   4
```
❸
```
    3 5
  ×   9
```
❹
```
    2 7
  ×   4
```
❺
```
    1 9
  ×   8
```

5 48 このピンポン球がはいった箱が 7 箱あります。ピ
ンポン球は全部で何こありますか。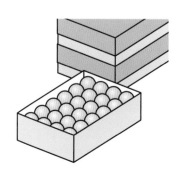

📖教科書 14ページ**5**

式

答え（　　　　　　　　　　）

ポイント 筆算は、位をたてにそろえてかいて、一の位、十の位、百の位のじゅんに、かける数の九九
を使って計算します。くり上がりに気をつけましょう。

③ 3けたの数にかける計算
④ 暗算

きほんのワーク

教科書　下 15〜18ページ　答え 11ページ

きほん 1 くり上がりのない（3けた）×（1けた）の筆算ができますか。

☆ けんさんは213円のおかしを3こ買いました。代金は何円ですか。

とき方 代金をもとめる式は、[　　]×3です。筆算で計算するときは、位をそろえてかいて、一の位からじゅんに、かける数の九九を使って計算します。

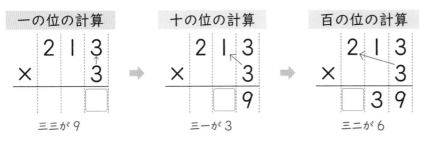

一の位の計算　　　十の位の計算　　　百の位の計算

```
  2 1 3        2 1 3        2 1 3
×     3      ×     3      ×     3
  [ ]          [ ]9         [ ]39
三三が9       三一が3       三二が6
```

答え [　　] 円

① かけ算をしましょう。　　教科書 15ページ 1

①
```
  1 3 1
×     3
```
②
```
  2 2 1
×     4
```
③
```
  2 3 3
×     3
```
④
```
  3 1 4
×     2
```

② 1こ212円のケーキを3こ買いました。代金は何円ですか。　教科書 15ページ 1

式

答え（　　　　　　　）

きほん 2 くり上がりのある（3けた）×（1けた）の筆算ができますか。

☆ 265×3の計算をしましょう。

とき方 一の位からじゅんに計算します。くり上がった数をたすことをわすれないようにします。

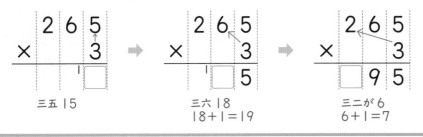

```
  2 6 5        2 6 5        2 6 5
×     3      ×     3      ×     3
  [ ][ ]       [ ][ ]5      [ ]95
三五 15        三六 18       三二が6
              18+1=19       6+1=7
```

答え [　　]

さんすうはかせ 【九九の表②】九九の答えの一の位は、1のだんは「1→9」、9のだんは「9→1」になるよ。3と7のだんもふえたり、へったりしながら、1から9の数がでてくるね。

③ かけ算をしましょう。

教科書 16ページ② 17ページ③④

①
```
    3 5 2
×       2
```

②
```
    2 1 5
×       4
```

③
```
    6 2 3
×       2
```

④
```
    3 7 9
×       2
```

⑤
```
    9 2 1
×       6
```

⑥
```
    1 7 3
×       5
```

⑦
```
    6 9 5
×       3
```

⑧
```
    7 5 6
×       8
```

④ 1本148円のジュースを3本買いました。代金は何円ですか。

式

教科書 16ページ②

答え（　　　　　　　　　　）

⑤ おはじきのはいった箱が7箱あります。それぞれの箱には、おはじきが365こずつ入っています。
おはじきは全部で何こありますか。

教科書 17ページ④

式

答え（　　　　　　　　　　）

きほん③ 暗算でかけ算ができますか。

⭐ 43×3を暗算でしましょう。

とき方　43を40と ▢ に分けます。

40×3＝▢
3×3＝▢
あわせて 120＋▢＝▢

答え ▢

⑥ 暗算でしましょう。

教科書 18ページ①

① 54×2

② 24×3

①54を50と4に分けると、
50×2＝100
4×2＝　8 だから…

ポイント　（3けた）×（1けた）の筆算のしかたは、（2けた）×（1けた）の筆算と同じようにします。
くり上がりに注意して計算しましょう。

勉強した日　月　日

できた数
　　　　　／13問中

おわったら
シールを
はろう

教科書　⑦ 6〜20ページ　答え　12ページ

1 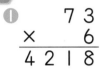 何十、何百のかけ算　かけ算をしましょう。

① 30×4　　② 70×8　　③ 400×6

2 筆算のしかた　筆算のまちがいを見つけて、なおしましょう。

①
```
    7 3
×     6
4 2 1 8
```

②
```
    4 0 2
×       3
    1 2 6
```

 考え方
まずは答えの見当を
つけてみます。
① 70×6＝420
② 400×3＝1200

3 かけ算の筆算　かけ算をしましょう。

① 36×3　　② 92×4

③ 45×8　　④ 173×5

⑤ 590×7　　⑥ 385×6

 ちゅうい
くり上がりに気をつけ
て、筆算でしましょう。

4 （2けた）×（1けた）　1たばが28まいのおり紙が9たばあります。おり紙は全部で何まいありますか。

式

答え（　　　　　　）

5 （3けた）×（1けた）　1こ620円のべんとうを5こ買いました。代金は何円ですか。

式

答え（　　　　　　）　620円

  できるナビ　かけ算の筆算は一の位からじゅんに計算します。くり上げた数をわすれずにたしましょう。

まとめのテスト

時間 20分

とく点 /100点

おわったら シールを はろう

1 よく出る かけ算をしましょう。　　　　　　　　1つ5〔70点〕

① 70×3　　　　② 400×8　　　　③ 32×3

④ 93×2　　　　⑤ 14×7　　　　⑥ 88×6

⑦ 46×5　　　　⑧ 69×3　　　　⑨ 243×2

⑩ 982×4　　　　⑪ 309×9　　　　⑫ 635×8

⑬ 420×6　　　　⑭ 825×4

2 本を毎日 16 ページ読みます。9 日間では何ページ読みますか。　　1つ5〔10点〕

式

答え（　　　　　　　　　）

3 1 しゅうが 217m の公園のまわりを 4 しゅう走ります。全部で何 m 走りますか。

式　　　　　　　　　　　　　　　　　　　　　　　　1つ5〔10点〕

答え（　　　　　　　　　）

4 1 こ 420 円のケーキを 5 こ買いました。代金は何円ですか。

式　　　　　　　　　　　1つ5〔10点〕

答え（　　　　　　　　　）

ふろくの「計算練習ノート」12〜15ページをやろう！

□ くり上がりのあるかけ算ができたかな？
□ 問題の場面をかけ算の式を使って表すことができたかな？

⑪ 1より小さい数を表そう 小数

① 小数
② 小数の大きさ

きほんのワーク

もくひょう
1より小さい数を小数を使って表せるようにしよう。

おわったらシールをはろう

教科書 下 22〜28ページ　答え 12ページ

きほん 1　1dLより小さいかさをdLで表せますか。

☆ 水とうにはいっている水のかさを1dLますではかったら、右の図のように1dLとあまりがありました。水とうにはいっていた水は何dLですか。

とき方　あまりの水のかさは、0.1dLのいくつ分になっているかで表します。あまりの水のかさは0.1dLの

　□ つ分だから、□ dL になります。（←れい点三と読みます。）

水とうにはいっていた水のかさは、1dLとあまりの0.3dLをあわせて □ dL になります。（←一点三と読みます。）

答え □ dL

たいせつ☆
1dLを10等分した1つ分のかさを0.1dL（れい点一デシリットル）といいます。
1.3、0.4などの数を小数といい、「．」を小数点といいます。
0、1、2などの数を、整数といいます。

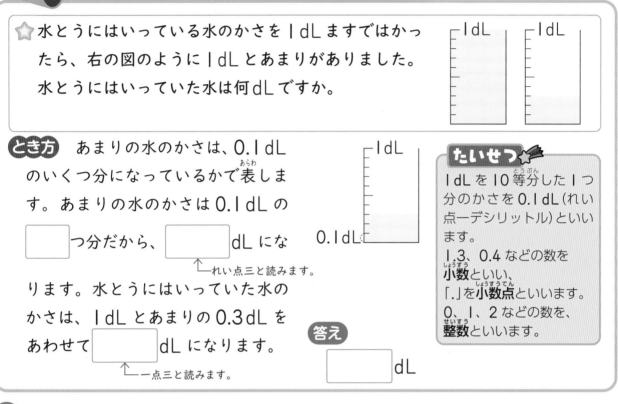

① 下の図の水のかさは、何dL ですか。　📖 教科書 24ページ 1

① (　　　　)　② (　　　　)　③ (　　　　)　④ (　　　　)

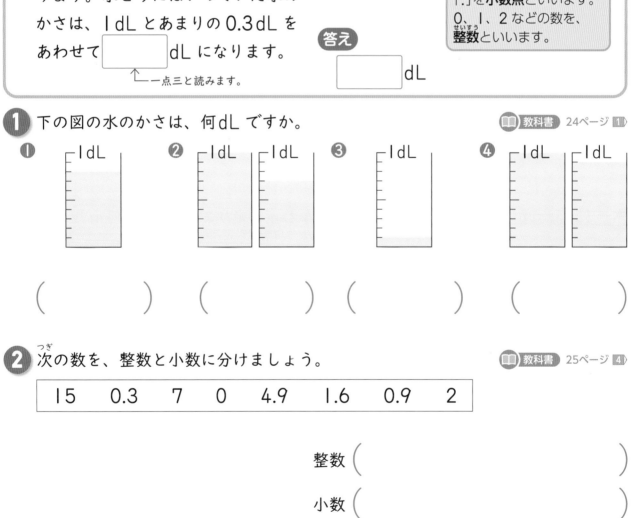

② 次の数を、整数と小数に分けましょう。　📖 教科書 25ページ 4

| 15 | 0.3 | 7 | 0 | 4.9 | 1.6 | 0.9 | 2 |

整数 (　　　　　　　　　　　)

小数 (　　　　　　　　　　　)

さんすうはかせ　小数は、1を10等分したものを1つの単位（0.1）と考えて、それのいくつ分かで考えるよ。さらに、0.1を10等分した0.01、0.01を10等分した0.001は、4年生で習うよ。

きほん2 2つの単位で表された長さを1つの単位で表せますか。

⭐ 下のテープの長さは、何cmですか。

□cm

とき方 1mmは1cmを10等分した長さだから □ cmです。9mmは0.1cmの9つ分の長さだから、□ cmで、3cmと0.9cmをあわせて □ cmです。

たいせつ⭐
2つの単位を使って表されている長さは、小数を使うと、1つの単位で表すことができます。1mm=0.1cmです。

答え □ cm

③ 左のはしから、ア、イ、ウ、エまでの長さは、それぞれ何cmですか。

📖教科書 26ページ 5

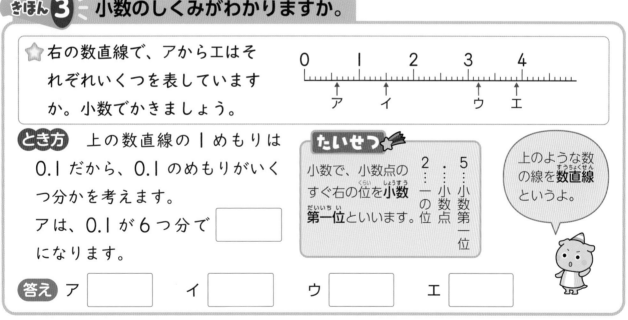

ア 　　イ 　　ウ 　　エ

ア（　　　　　） イ（　　　　　） ウ（　　　　　） エ（　　　　　）

きほん3 小数のしくみがわかりますか。

⭐ 右の数直線で、アからエはそれぞれいくつを表していますか。小数でかきましょう。

0 1 2 3 4
ア イ ウ エ

とき方 上の数直線の1めもりは0.1だから、0.1のめもりがいくつ分かを考えます。
アは、0.1が6つ分で □ になります。

たいせつ⭐
小数で、小数点のすぐ右の位を小数第一位といいます。

2 : 一の位
: 小数点
5 : 小数第一位

上のような数の線を数直線というよ。

答え ア □ 　イ □ 　ウ □ 　エ □

④ 下の数直線で、アからエが表す小数をかきましょう。

📖教科書 28ページ 1

0 1 2 3
ア イ ウ エ

ア（　　　　　） イ（　　　　　） ウ（　　　　　） エ（　　　　　）

ポイント 小数のしくみも、整数と同じで、0.1が10こ集まると、1つ大きな位（一の位）に上がります。

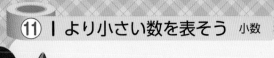

勉強した日 ▶　　月　　日

もくひょう
小数のたし算とひき算の考え方を知り、筆算ができるようにしよう。

おわったら
シールを
はろう

③ **小数のたし算とひき算**

きほんのワーク

教科書　下 29〜32ページ　　答え　13ページ

きほん 1　**小数のたし算のしかたがわかりますか。**

☆ ジュースが大きいびんに0.6 L、小さいびんに0.3 L はいっています。あわせて何 L ですか。

とき方　《1》0.1 のいくつ分で考えます。

0.6 は 0.1 の　　　こ分

0.3 は 0.1 の　　　こ分

あわせて 0.1 の　　　こ分

《2》数直線で考えます。

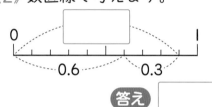

答え　　　　L

1 たし算をしましょう。　　　　　　　　　📖 教科書 29ページ1

❶ 0.5＋0.4　　　　　　　　❷ 0.6＋0.6

❸ 0.8＋0.9　　　　　　　　❹ 1.4＋0.6

きほん 2　**小数のひき算のしかたがわかりますか。**

☆ ジュースが大きいびんに0.8 L、小さいびんに0.3 L はいっています。ちがいは何 L ですか。

とき方　《1》0.1 のいくつ分で考えます。

0.8 は 0.1 の　　　こ分

0.3 は 0.1 の　　　こ分

ちがいは、0.1 の　　　こ分

《2》数直線で考えます。

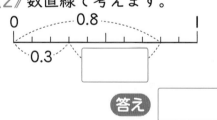

答え　　　　L

2 ひき算をしましょう。　　　　　　　　　📖 教科書 30ページ2

❶ 0.7－0.5　　　　　　　　❷ 1－0.9

❸ 1.1－0.8　　　　　　　　❹ 2－1.6

62

さんすうはかせ 🎓 分数は、１をいくつかに等分したものを１つの単位と考えて、それのいくつ分かで考えるよ。だから、１mを10等分した $\frac{1}{10}$ mは、0.1mと等しくなるね。

きほん ③ 小数のたし算を筆算でできますか。

☆ たし算をしましょう。　① 2.7＋1.5　　② 5.4＋2.6

とき方　小数のたし算も、整数のたし算と同じように、位をそろえてかき、右の位から計算します。

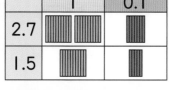

	1	0.1
2.7		
1.5		

答え ①〔　　　〕　② 〔　　　〕

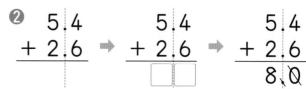

①
```
  2.7        2.7        2.7
+ 1.5   ➡  + 1.5   ➡  + 1.5
           □□         4□2
```
位をそろえて　　整数と同じよう　　答えの小数点を
かく。　　　　　に計算する。　　うつ。

②
```
  5.4        5.4        5.4
+ 2.6   ➡  + 2.6   ➡  + 2.6
           □□         8□0
```
　　　　　　　　　　　　　　　0と小数点を消す。

③ たし算をしましょう。　　　　　　　　📖 教科書 31ページ ③④

① 0.3＋4.5　　② 3.8＋1.2　　③ 7＋1.3　　④ 5.7＋6.9

きほん ④ 小数のひき算を筆算でできますか。

☆ ひき算をしましょう。　① 4.5－1.7　　② 6－2.4

とき方　小数のひき算も、たし算と同じように、位をそろえてかき、右の位から計算します。

①
```
  4.5        4.5        4.5
- 1.7   ➡  - 1.7   ➡  - 1.7
           □□         2□8
```
位をそろえて　　整数と同じよ　　答えの小数点を
かく。　　　　　うに計算する。　　うつ。

②
```
  6          6.0        6.0
- 2.4   ➡  - 2.4   ➡  - 2.4
           □□         3□6
```
　　　　　　　　6を6.0と考　　答えの小数点
　　　　　　　　える。　　　　をうつ。

答え ①〔　　　〕　② 〔　　　〕

④ ひき算をしましょう。　　　　　　　　📖 教科書 32ページ ⑤⑥

① 4.7－3.2　　　　② 6.8－4.5

③ 9.2－5.2　　　　④ 2.4－1.9

⑤ 4－2.8　　　　　⑥ 7.6－5

> 筆算は位をそろえてかくのが大切なんだね。

ポイント　小数のたし算やひき算の筆算では、それぞれの位をたてにそろえてかき、計算した答えの小数点も上にそろえます。くり上がりやくり下がりのしくみは、整数のときと同じです。

練習のワーク

勉強した日　月　日

できた数

／20問中

おわったら
シールを
はろう

教科書　下 22～34ページ　　答え　13ページ

1 1 より小さい数の表し方　□にあてはまる数をかきましょう。

❶ 1 L 4 dL は、□ L で、これは、0.1 L の □ こ分です。

❷ 0.1 cm の 58 こ分は □ cm です。
58 を 50 と 8 に分けて考えます。
0.1 cm の 50 こ分→ 5 cm　0.1 cm の 8 こ分→ 0.8 cm

❸ 27 cm 3 mm ＝ □ cm
1 mm＝0.1 cm

> **考え方**
> 1 L を 10 等分した 1 つ分のかさが 0.1 L です。1 dL＝0.1 L

2 小数の大きさ　□にあてはまる不等号をかきましょう。

❶ 0.1 □ 0

❷ 0.7 □ 0.3

❸ 1 □ 1.1

❹ 1.8 □ 0.9

❺ 5.5 □ 6.1

❻ 0.8 □ 3

> **不等号（＞、＜）**
> 左がわと右がわの数の大小を表すしるし
> 大＞小　小＜大

3 小数のいろいろな表し方　2.7 はどのような数ですか。□にあてはまる数をかきましょう。

❶ 2.7 は 2 と □ をあわせた数です。

❷ 2.7 は 3 より □ 小さい数です。

❸ 2.7 は 1 を 2 こと、0.1 を □ こあわせた数です。

❹ 2.7 は 0.1 を □ こ集めた数です。

> **考え方**
> 下の数直線を使って、2.7 のいろいろな表し方を考えましょう。
>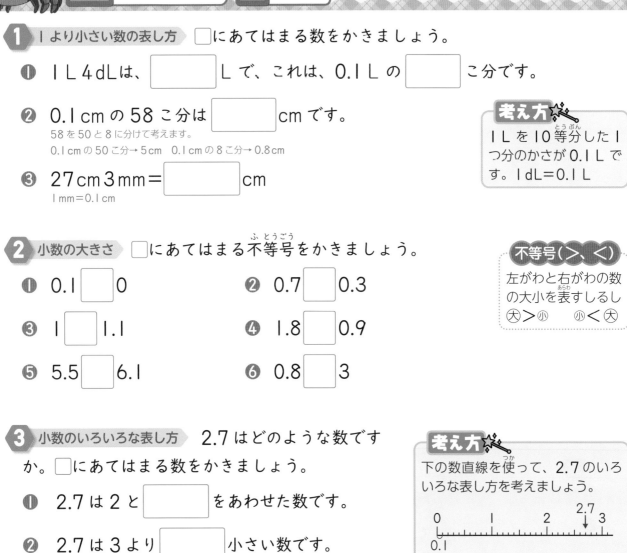

4 小数のたし算とひき算　次の計算をしましょう。

❶ 4.6＋1.8

❷ 2.5＋6

❸ 6.3＋0.7

❹ 1.3－0.9

❺ 9.6－4.6

❻ 8－0.8

> 答えの小数第一位が 0 になったときは、0 と小数点を消すんだね。

できるナビ　小数を、いろいろな見方をして表せるようにしましょう。

まとめのテスト

時間 20分

とく点　　/100点

おわったら
シールを
はろう

勉強した日〉　月　日

1 よく出る □にあてはまる数をかきましょう。　　　　1つ5〔25点〕

① 5と0.2をあわせた数は、□です。

② 4より0.2小さい数は、□です。

③ 1を7こと、0.1を4こあわせた数は、□です。

④ 0.1を35こ集めた数は、□です。

⑤ 0.8は、0.1を□こ集めた数です。

2 よく出る 次の計算をしましょう。　　　　1つ5〔45点〕

① 0.3＋2.6　　　② 4.7＋3.5　　　③ 5.2＋1.9

④ 2＋3.8　　　　⑤ 4.1＋0.9　　　⑥ 7.6－0.4

⑦ 6.2－4.9　　　⑧ 9－2.8　　　　⑨ 4.5－2.5

3 7.3cmのテープと4.9cmのテープをあわせると何cmになりますか。

 式　　　　　　　　　　　　　　　　　　　　　　1つ5〔10点〕

答え（　　　　　　　　）

4 3.4Lはいるやかんと、1.8Lはいる水とうでは、どちらが
どれだけ多くはいりますか。　　　　1つ5〔10点〕

 式

答え（　　　　　　　　）

5 かずおさんの家から駅まで1.6kmあります。家から0.9km歩きました。駅ま
では、あと何kmありますか。　　　　1つ5〔10点〕

式

答え（　　　　　　　　）

□ 小数について、いろいろな見方ができたかな？
□ 小数のたし算とひき算ができたかな？

ふろくの「計算練習ノート」17〜19ページをやろう！

1 重さくらべ
2 はかりの使い方 [その1]

きほんのワーク

教科書 下 36〜42ページ　答え 14ページ

もくひょう
はかりがよめるように、重さの単位を理かいしよう。

おわったらシールをはろう

きほん ①　重さのくらべ方がわかりますか。

☆あさみさんが、つみ木と1円玉を単位にして、たまごとみかんの重さをはかったら、右の表のようになりました。どちらが重いですか。

はかるもの	単位にするもの	
	つみ木	1円玉
たまご	2こ	60こ
みかん	3こ	90こ

とき方　たまごは、つみ木 □ こ分の重さ、

みかんは、つみ木 □ こ分の重さだから、

たまごとみかんでは、□ のほうが

つみ木 □ こ分だけ重くなります。みかんのほうが重いことは、1円玉の数でくらべても同じです。

答え □

たいせつ
重さも、長さやかさのように、同じものの重さを単位にすると、そのいくつ分で表すことができます。
重さの単位には、**グラム**があり、gとかきます。

g

---

① ノートと筆箱の重さを、同じ重さのつみ木ではかりました。下の図を見て、□にあてはまる数やことばをかきましょう。

教科書 37ページ①

① ノートは、つみ木 □ こ分の重さです。

② 筆箱は、つみ木 □ こ分の重さです。

③ ノートと筆箱では、□ のほうが

つみ木 □ こ分だけ重くなります。

② 1円玉1この重さは1gです。1円玉175ことつりあうチョコレートの重さは何gですか。

教科書 37ページ①

(　　　　　　)

③ 1円玉1この重さは1gです。**きほん①** で、みかんはたまごより何g重いといえますか。

教科書 37ページ①

(　　　　　　)

たまごとみかんは1円玉30こ分の重さのちがいがあるから…と考えればいいね。

 7000年ほど前のエジプトでは「てんびんはかり」が使われていて、日本でも江戸時代には両替をするのにはかりが使われていたんだよ。

きほん 2 はかりの使い方がわかりますか。

⭐ 下のはかりのめもり は、本の重さを表し ています。 重さは何gですか。

とき方 左のはかりでは、いちばん小さい1めもり は10gを表していて、1000gまではかれます。 500gからめもりをよんでいくと ☐ gです。

答え ☐ g

💬 0と100の 間が10に分 けられている ね。

はかりの使い方
1 はかりを平らなところにおく。
2 はじめに、はりが0をさすよう にする。
3 めもりは、正面から正しくよむ。

4 はりのさしている重さをよんで、（ ）の中にかきましょう。 📖**教科書** 39ページ**1**

①  （　　　　　）

② 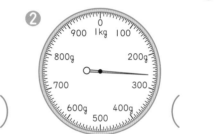 （　　　　　）

きほん 3 1000gより重いものをはかれますか。

⭐ 下のはかりのめもり は、ランドセルの重 さを表しています。 重さは何kg何gです か。

とき方 左のはかりでは、いちばん小さい1めもり は ☐ gを表していて、☐ kgまではかれ ます。ランドセルの重さは1kgより重く、1kg からめもりをよんでいくと、☐ kg ☐ g とわかります。

答え ☐ kg ☐ g

たいせつ ☆
重いものをはかるときは、キログラムとい う単位を使います。キログラムはkgとか き、1kg＝1000gです。

5 はりのさしている重さをよんで、（ ）の中にかきましょう。 📖**教科書** 41ページ**2**

①  （　　　　　）

②  （　　　　　）

 はかりを使って、ものの重さを調べるには、いちばん小さい1めもりが表す重さや何kgま ではかれるかを知ることが大切です。

⑫ ものの重さをはかろう　重さ

2 はかりの使い方 [その2]
3 長さ、かさ、重さの単位

きほんのワーク

教科書　下 43〜46ページ　答え 14ページ

もくひょう・
長さ、かさ、重さの単位の表し方がわかるようになろう。

おわったらシールをはろう

きほん 1　重さの計算ができますか。

☆ 重さが600gのかごに、くりを300g入れました。全体（ぜんたい）の重さはどれだけですか。

とき方　かごの重さと、くりの重さをたして、全体の重さをもとめます。

　　□ g ＋ □ g ＝ □ g

答え □ g

たいせつ☆
重さも、たし算をしたり、ひき算をしたりすることができます。同じ単位（たんい）どうしで計算します。

---

1 重さ150gの箱（はこ）にりんごを入れて重さをはかったら、950gありました。りんごだけの重さはどれだけですか。

式

📖教科書 43ページ4

答え（　　　　　　　）

きほん 2　とても重いものの重さの表し方がわかりますか。

☆ 重さ5000kgのゾウがいます。これは何tですか。

とき方　とても重いものの重さを表（あらわ）す単位に、トンがあります。トンはtとかき、1tは1000kgです。このことから、重さ5000kgのゾウの重さをトンを使（つか）って表すと、□ tになります。

答え □ t

たいせつ☆
1t＝1000kg

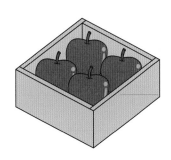

---

2 次の重さをトン（t）で表しましょう。

📖教科書 44ページ5

① 2100kg　　② 3600kg　　③ 8900kg

（　　　　）（　　　　）（　　　　）

さんすうはかせ🎓 水1Lの重さは1kg（1000g）で、水1mLの重さは1gだよ。1円玉1この重さも1gだね。

❸ 大きなトラックの重さは 12000kg、小さな
トラックの重さは 2000kg です。重さはそれぞ
れ何tですか。 教科書 44ページ **5**

12000kg   2000kg

大 (　　　　　　) 小 (　　　　　　)

きほん ❸ 単位のしくみがわかりますか。

⭐ 次の□にあてはまる数をかきましょう。

❶ □km=1000m　　❷ □L=1000mL

❸ □kg=1000g　　❹ □t=1000kg

> 1gも1mも1000倍
> すると、キロがついて
> 1kg、1kmになるよ。

とき方 1000こ集まると大きな単位になります。

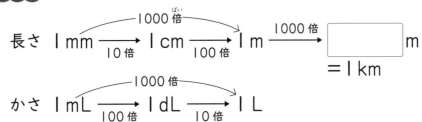

長さ 1mm ──10倍→ 1cm ──100倍→ 1m ──1000倍→ □ m ＝1km
　（1000倍）

かさ 1mL ──100倍→ 1dL ──10倍→ 1L
　（1000倍）

重さ 1g ──1000倍→ □ g ＝1kg ──1000倍→ □ kg ＝1t

答え ❶ □ km　❷ □ L　❸ □ kg　❹ □ t

---

❹ □にあてはまる数をかきましょう。 教科書 45ページ **1**

❶ 2m= □ cm= □ mm　　❷ 3km= □ m

❸ 1L= □ dL= □ mL　　❹ 5dL= □ mL

❺ 4kg= □ g　　❻ 4700g= □ kg □ g

❼ 5300g= □ kg　　❽ 8000kg= □ t

---

❺ マラソンのスタートからゴールまでのきょり 42km は、何mですか。

教科書 45ページ **1**

(　　　　　　　　　　)

---

❻ 重さが 2300kg のトラックは、何tですか。 教科書 45ページ **1**

(　　　　　　　　　　)

ポイント 長さ 1mm ─1000こ→ 1m ─1000こ→ 1km、かさ 1mL ─1000こ→ 1L、重さ 1g ─1000こ→ 1kg
のように、1000こ集めると、大きな単位になるせいしつがあります。

⑫ もののおもさをはかろう　重さ

練習のワーク

できた数

／7問中

おわったら
シールを
はろう

1 重さ　てんびんのかたほうにつみ木をのせて、<u>重さ</u>
それぞれ、つみ木何こ分の重さになっているかを調べます。
がつりあうときのつみ木の数を調べました。右の表を
見て、問題に答えましょう。

① いちばん重いものは何ですか。

（　　　　　　　）

② 重さが同じものは、何と何ですか。
└つみ木の数が同じものは、重さも同じになります。

（　　　　　　　）

③ つみ木｜こが 30 この｜円玉とつりあいました。
セロハンテープの重さは、何gですか。｜円玉｜
この重さは｜gです。

（　　　　　　　）

重さ調べ

はかったもの	つみ木の数
国語の教科書	7
セロハンテープ	2
筆箱	12
じしゃく	7
はさみ	9

｜円玉｜この重さは
｜gだから、つみ木｜
こは 30g になるのね。

2 重さ　2800g、3kg、3800g、3kg80g を、重いじゅんにかきましょう。

（　　　　　　　　　　　）

3 はかり　入れものの重さをはかったら、右の図のようになり
ました。この入れものにさとうを入れてはかると 800g にな
りました。さとうをどれだけ入れましたか。
└(さとうの重さ)＝(全体の重さ)−(入れものの重さ)
式

答え（　　　　　　　）

4 重さの単位　□にあてはまる単位をかきましょう。

① たけしさんの体重　　　28 □

② トラックの重さ　　　3 □

重さの単位
1000g=1kg　1000kg=1t

できるナビ　いろいろなものの重さをはかったり、よみとったりできるようにしましょう。

まとめのテスト

1 よく出る はりのさしている重さをよんで、（　）の中にかきましょう。　1つ6〔24点〕

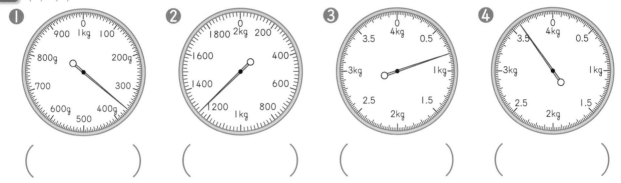

①　②　③　④

（　　　　　）（　　　　　）（　　　　　）（　　　　　）

2 よく出る □にあてはまる数をかきましょう。　1つ5〔40点〕

① 3kg = □ g

② 3kg500g = □ g

③ 7000g = □ kg

④ 2180g = □ kg □ g

⑤ 8020g = □ kg □ g

⑥ 4kg60g = □ g

⑦ 4300g = □ kg

⑧ 9000kg = □ t

3 てつやさんの体重は29kgです。弟をせおってはかりにのると、はりは47kg をさしました。弟の体重は何kgですか。　1つ6〔12点〕

式

答え（　　　　　　　　）

4 重さが120gの入れものに、みかんを500g入れました。全体（ぜんたい）の重さは何gですか。　1つ6〔12点〕

式

答え（　　　　　　　　）

5 かばんに本を入れて重さをはかったら、1kgありました。 本の重さは350gです。かばんだけの重さは何gですか。　1つ6〔12点〕

式

答え（　　　　　　　　）

ふろくの「計算練習ノート」22ページをやろう！

 チェック ☑ □重さの単位をかえることができたかな？
□重さのたし算とひき算ができたかな？

1 分数
2 分数の大きさ

きほんのワーク

もくひょう
分数の意味や分数のしくみがわかるように学習しよう。

おわったらシールをはろう

教科書　下 50〜59ページ　答え　15ページ

きほん 1　分けた大きさの表し方がわかりますか。

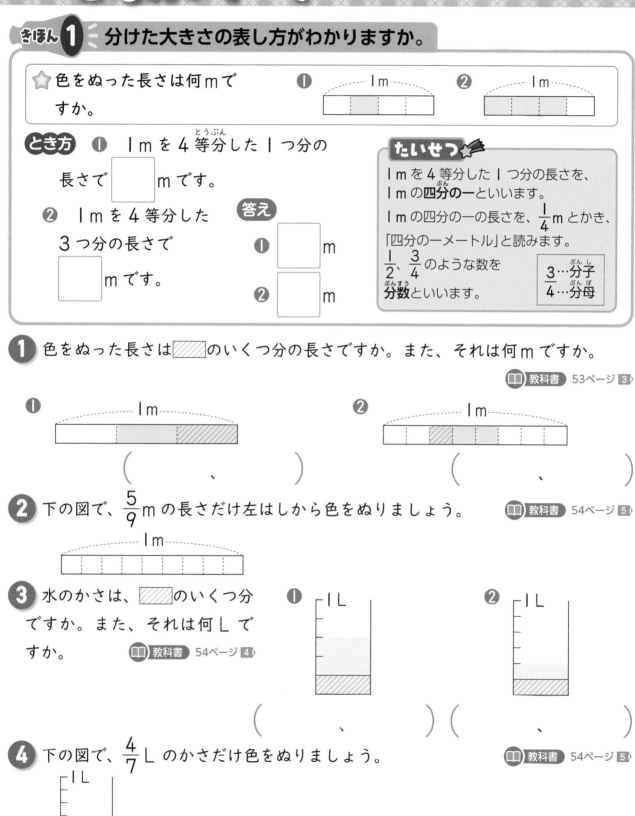

☆ 色をぬった長さは何mですか。

❶ 1m

❷ 1m

とき方　❶　1mを4等分した1つ分の

長さで □ mです。

❷　1mを4等分した

3つ分の長さで □ mです。

答え

❶ □ m

❷ □ m

たいせつ

1mを4等分した1つ分の長さを、1mの四分の一といいます。

1mの四分の一の長さを、$\frac{1}{4}$mとかき、「四分の一メートル」と読みます。

$\frac{1}{2}$、$\frac{3}{4}$のような数を分数といいます。

$\frac{3}{4}$　3…分子　4…分母

1　色をぬった長さは ▨ のいくつ分の長さですか。また、それは何mですか。

📖 教科書 53ページ ③

❶ 1m

❷ 1m

（　　、　　）　（　　、　　）

2　下の図で、$\frac{5}{9}$mの長さだけ左はしから色をぬりましょう。

📖 教科書 54ページ ⑤

1m

3　水のかさは、▨ のいくつ分ですか。また、それは何Lですか。

📖 教科書 54ページ ④

❶ 1L

❷ 1L

（　　、　　）（　　、　　）

4　下の図で、$\frac{4}{7}$Lのかさだけ色をぬりましょう。

📖 教科書 54ページ ⑤

1L

 さんすうはかせ　分数は1の大きさを等分するので、1より小さいどのような大きさでも表すことができるんだよ。

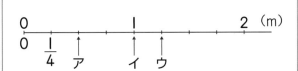 **きほん2** 分数の大きさの表し方がわかりますか。

☆ 下の数直線で、アからウにあてはまる分数をかきましょう。

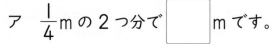

0 ───┼───┼───┼───┼───┼───┼───┼─── 2 （m）
0   1/4 ↑   1   ↑ ↑
         ア   イ ウ

とき方 $\frac{1}{4}$ m のいくつ分で表します。

ア $\frac{1}{4}$ m の 2 つ分で [　　] m です。

イ $\frac{1}{4}$ m の 4 つ分で [　　] m です。
これはちょうど 1 m です。

答え ア [　　] m　イ [　　] m　ウ [　　] m

分母と分子の数が同じ分数は 1 になるんだね。

5 □にあてはまる不等号をかきましょう。 📖教科書 58ページ**1**

① $\frac{4}{5}$ [　] $\frac{1}{5}$

② $\frac{5}{7}$ [　] $\frac{6}{7}$

③ 0 [　] $\frac{1}{3}$

④ 1 [　] $\frac{3}{2}$

④は、1 を $\frac{2}{2}$ と考えて大きさをくらべよう。

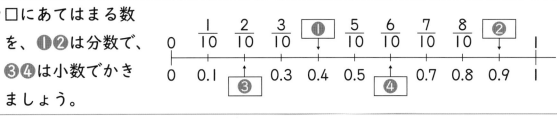 **きほん3** 分数と小数の関係がわかりますか。

☆ □にあてはまる数を、①②は分数で、③④は小数でかきましょう。

0 ─ 1/10 ─ 2/10 ─ 3/10 ─ **①**↓ ─ 5/10 ─ 6/10 ─ 7/10 ─ 8/10 ─ **②**↓ ─ 1

0 ─ 0.1 ─ **③**↑ ─ 0.3 ─ 0.4 ─ 0.5 ─ **④**↑ ─ 0.7 ─ 0.8 ─ 0.9 ─ 1

とき方 ① 0.4 は 0.1 の 4 つ分より、$\frac{1}{10}$ の 4 つ分なので、[　　] になります。

③ $\frac{2}{10}$ は $\frac{1}{10}$ の 2 つ分より、0.1 の 2 つ分なので、[　　] になります。

答え ① [　　]　② [　　]
③ [　　]　④ [　　]

たいせつ ⭐
$\frac{1}{10}$ を小数で表すと、0.1 になります。
$\frac{1}{10}$ = 0.1
小数第一位のことを
$\frac{1}{10}$ の位ともいいます。

0	.	7
$\vdots$	$\vdots$	$\vdots$
1の位	小数点	$\frac{1}{10}$の位（小数第一位）

6 □にあてはまる等号や不等号をかきましょう。 📖教科書 59ページ**2**

① $\frac{5}{10}$ [　] 0.6

② $\frac{8}{10}$ [　] 0.8

③ $\frac{11}{10}$ [　] 0.1

 分数の分母は、1 L や 1 m などのもとになる大きさをいくつに分けたかを表し、分子はそのいくつ分かを表します。

③ **分数のたし算とひき算**

もくひょう
分数のたし算や分数の
ひき算のやり方を学習
しよう。

おわったら
シールを
はろう

きほんのワーク

教科書 ⑤ 60〜61ページ　答え 15ページ

きほん **1**　分数のたし算ができますか。

☆ ジュースが2つのびんに、$\frac{2}{10}$dL と $\frac{5}{10}$dL はいっています。あわせると何dLですか。

とき方　$\frac{1}{10}$dL のいくつ分かを考えます。

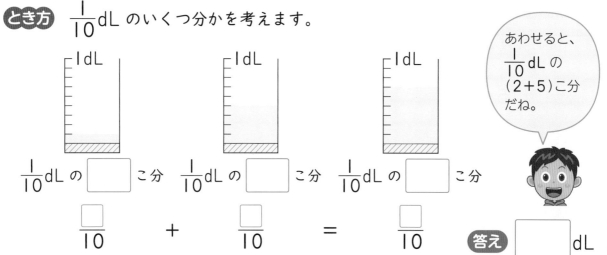

あわせると、
$\frac{1}{10}$dL の
（2＋5）こ分
だね。

$\frac{1}{10}$dL の ☐ こ分　$\frac{1}{10}$dL の ☐ こ分　$\frac{1}{10}$dL の ☐ こ分

$\frac{☐}{10}$ ＋ $\frac{☐}{10}$ ＝ $\frac{☐}{10}$　　答え ☐ dL

1 $\frac{3}{8}$m と $\frac{4}{8}$m のリボンをあわせると、長さは全部で何mになりますか。

式

📖 教科書 60ページ**1**

答え（　　　　　　　　　）

2 次の計算をしましょう。

📖 教科書 60ページ**2**

❶ $\frac{2}{4}+\frac{1}{4}$　　　❷ $\frac{3}{6}+\frac{2}{6}$　　　❸ $\frac{3}{7}+\frac{1}{7}$

❹ $\frac{5}{9}+\frac{4}{9}$　　　❺ $\frac{1}{2}+\frac{1}{2}$

分母と分子の数が同
じ分数は、1と同じ
大きさになるよ。

さんすうはかせ　分数で、分子が分母より大きいときは1より大きい数を表していて、「仮分数」というよ。
分子が分母と等しい分数も「仮分数」、分子が分母より小さい分数は「真分数」というんだ。

⭐ ジュースが $\frac{6}{7}$ dL ありました。$\frac{4}{7}$ dL 飲みました。何dL のこっていますか。

とき方 下のように、$\frac{1}{7}$ dL をもとにして考えます。

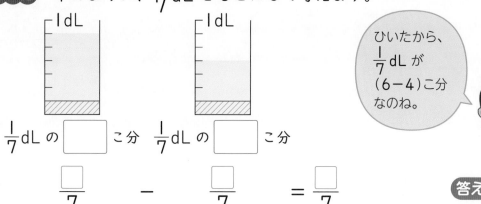

$\frac{1}{7}$ dL の □ こ分　$\frac{1}{7}$ dL の □ こ分

ひいたから、$\frac{1}{7}$ dL が （6－4）こ分 なのね。

$\frac{□}{7}$ － $\frac{□}{7}$ ＝ $\frac{□}{7}$

答え □ dL

3 リボンが $\frac{7}{9}$ m ありました。そのうち $\frac{5}{9}$ m 使いました。リボンは何m のこっていますか。　📖教科書 61ページ❸

式

答え（　　　　　　　　）

4 オレンジジュースが 1 L、りんごジュースが $\frac{2}{3}$ L あります。かさのちがいは何 L ですか。　📖教科書 61ページ❹

式

答え（　　　　　　　　）

5 次の計算をしましょう。　📖教科書 61ページ❹

① $\frac{5}{6} - \frac{2}{6}$　　　② $\frac{4}{5} - \frac{2}{5}$　　　③ $\frac{7}{8} - \frac{5}{8}$

④ $1 - \frac{1}{5}$　　　⑤ $1 - \frac{3}{4}$

⑥ $1 - \frac{2}{7}$　　　⑦ $1 - \frac{1}{2}$

1 は分数で表すといくつになるかを考えるんだね。 1 は $\frac{3}{3}$ や $\frac{4}{4}$ などと表せるんだ。

ポイント　分母が同じ分数のたし算やひき算は、分母はそのままで、分子どうしをたしたり、ひいたりします。

練習のワーク

勉強した日　　月　　日

できた数

／20問中

おわったら
シールを
はろう

教科書　下 50〜63ページ　　答え　15ページ

1　分けた大きさの表し方 色をぬった部分の長さとかさを、分数で表しましょう。

❶ 　　　（　　　　　　）

❷ 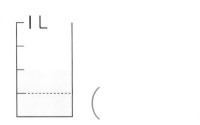　（　　　　　　）　❸ 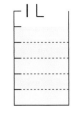（　　　　　　）

考え方

❶ 1mを10等分したいくつ分かを考えます。
❷❸ 1Lを何等分したいくつ分かを考えます。

2　分数の大きさの表し方 □にあてはまる数をかきましょう。

❶ $\frac{4}{6}$ は $\frac{1}{6}$ の □ こ分です。　　❷ □ mは $\frac{1}{8}$ mの 5 こ分です。

❸ $\frac{1}{3}$ の □ こ分は $\frac{2}{3}$ です。　　❹ $\frac{1}{7}$ L の □ こ分は 1L です。

分子と分母が等しいとき、1 になります。

❺ $\frac{1}{6}$ の 7 こ分は □ です。

分母より分子のほうが大きいとき、1 より大きい分数を表します。

3　分数と小数 □にあてはまる等号、不等号をかきましょう。

❶ $\frac{2}{10}$ □ 0.2　　❷ $\frac{9}{10}$ □ 1

❸ $\frac{3}{10}$ □ 3　　❹ 2 □ $\frac{18}{10}$

分母が 10 の分数の大きさを考えよう。

4　分数のたし算・ひき算 次の計算をしましょう。

❶ $\frac{2}{5} + \frac{2}{5}$　　❷ $\frac{2}{9} + \frac{3}{9}$　　❸ $\frac{1}{8} + \frac{7}{8}$　　❹ $\frac{5}{7} + \frac{2}{7}$

❺ $\frac{6}{7} - \frac{2}{7}$　　❻ $\frac{3}{4} - \frac{2}{4}$　　❼ $1 - \frac{3}{6}$　　❽ $1 - \frac{1}{10}$

できるナビ　分けた大きさを、分数で表せるようにしましょう。

教科書 下 50〜63、132ページ　答え 16ページ

時間 20分

とく点　　/100点

おわったら
シールを
はろう

1 長さやかさを、分数を使ってかきましょう。　　　　　　　　　　1つ5〔10点〕

❶　1m を 3 等分した 1 つ分の長さ　　　　　　　　（　　　　　　　　）

❷　1L を 8 等分した 5 つ分のかさ　　　　　　　　（　　　　　　　　）

2 右の図は、辺の長さがすべて等しい三角形を 6 まいならべた
ものです。全体の $\frac{1}{2}$ を表すには三角形何まいに色をぬればよい
ですか。　　　　　　　　　　　　　　　　　　　　〔10点〕

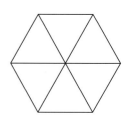

（　　　　　　　　）

3 下の数直線を見て答えましょう。　　　　　　　　　　　　　1つ5〔25点〕

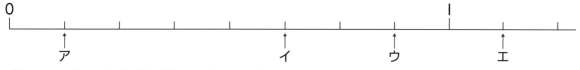

❶　アからエを分数で表しましょう。

ア（　　　　）　イ（　　　　）　ウ（　　　　）　エ（　　　　）

❷　$\frac{3}{8}$ を表すめもりに↑をかきましょう。

4 □にあてはまる等号や不等号をかきましょう。　　　　　　　1つ5〔15点〕

❶　$\frac{6}{10}$ □ 0.5　　　❷　0 □ $\frac{1}{10}$　　　❸　$\frac{9}{10}$ □ 0.9

5 よく出る だいちさんのテープの長さは $\frac{4}{7}$ m、かおりさんのテープの長さは $\frac{2}{7}$ m です。

❶　2 人のテープをあわせた長さは、何 m ですか。　　　　　1つ10〔40点〕
式

答え（　　　　　　　　）

❷　2 人のテープの長さのちがいは、何 m ですか。
式

答え（　　　　　　　　）

 ふろくの「計算練習ノート」20〜21ページをやろう！

 □分数を使った数の表し方がわかったかな？
□分数のたし算とひき算ができたかな？

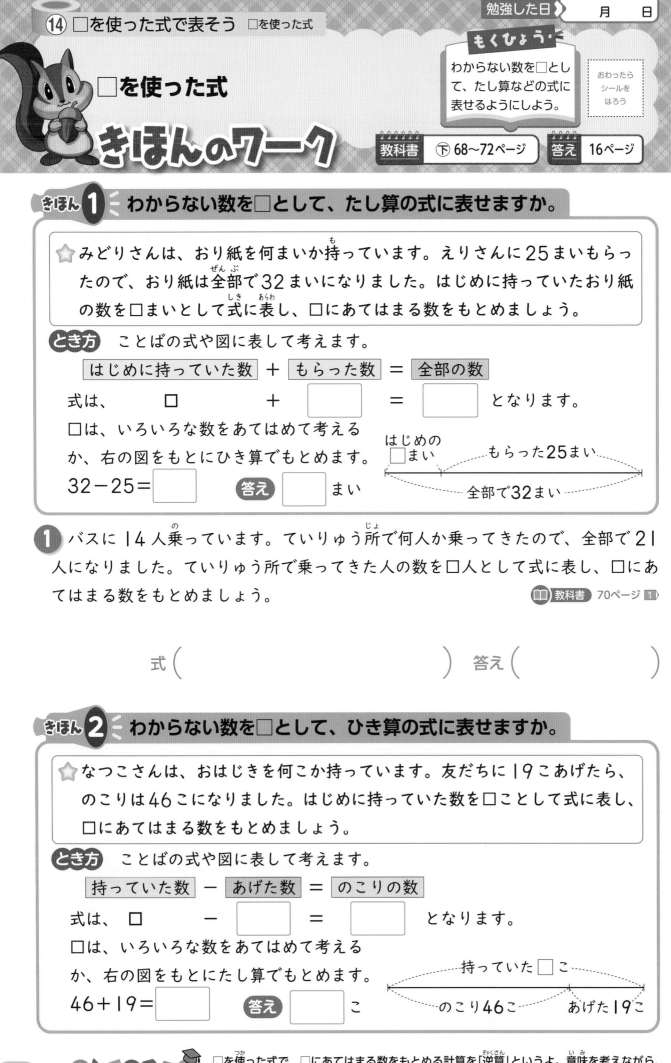

□を使った式

きほんのワーク

もくひょう
わからない数を□として、たし算などの式に表せるようにしよう。

おわったらシールをはろう

教科書　下 68〜72ページ　答え 16ページ

きほん 1　わからない数を□として、たし算の式に表せますか。

⭐ みどりさんは、おり紙を何まいか持っています。えりさんに25まいもらったので、おり紙は全部で32まいになりました。はじめに持っていたおり紙の数を□まいとして式に表し、□にあてはまる数をもとめましょう。

とき方　ことばの式や図に表して考えます。

はじめに持っていた数 ＋ もらった数 ＝ 全部の数

式は、　□　＋　[　]　＝　[　]　となります。

□は、いろいろな数をあてはめて考えるか、右の図をもとにひき算でもとめます。

はじめの□まい　もらった25まい
全部で32まい

32－25＝[　]　　答え [　] まい

1 バスに 14 人乗っています。ていりゅう所で何人か乗ってきたので、全部で 21 人になりました。ていりゅう所で乗ってきた人の数を□人として式に表し、□にあてはまる数をもとめましょう。

📖 教科書 70ページ 1

式（　　　　　　　　）　答え（　　　　　　　　）

きほん 2　わからない数を□として、ひき算の式に表せますか。

⭐ なつこさんは、おはじきを何こか持っています。友だちに 19 こあげたら、のこりは 46 こになりました。はじめに持っていた数を□ことして式に表し、□にあてはまる数をもとめましょう。

とき方　ことばの式や図に表して考えます。

持っていた数 － あげた数 ＝ のこりの数

式は、　□　－　[　]　＝　[　]　となります。

□は、いろいろな数をあてはめて考えるか、右の図をもとにたし算でもとめます。

持っていた□こ
のこり46こ　あげた19こ

46＋19＝[　]　　答え [　] こ

さんすうはかせ　□を使った式で、□にあてはまる数をもとめる計算を「逆算」というよ。意味を考えながら、□のもとめ方を考えていけば、まちがえないよ。

2 ひろしさんは、竹ひごを何本か持っていました。24本使ったところ、のこりは18本になりました。はじめに持っていた竹ひごの数を□本として式に表し、□にあてはまる数をもとめましょう。

教科書 71ページ**2**

式 （　　　　　　　　　　）　答え （　　　　　　　　　　）

3 ともこさんは、何円か持って買いものに行き、490円のケーキを買ったら210円のこりました。はじめに持っていたお金を□円として式に表し、□にあてはまる数をもとめましょう。

教科書 71ページ**2**

式 （　　　　　　　　　　）　答え （　　　　　　　　　　）

きほん3 わからない数を□として、かけ算の式に表せますか。

☆ あめを同じ数ずつ9人の子どもに配ると、全部で72こいりました。1人分の数を□ことして式に表し、□にあてはまる数をもとめましょう。

とき方 ことばの式や図に表して考えます。

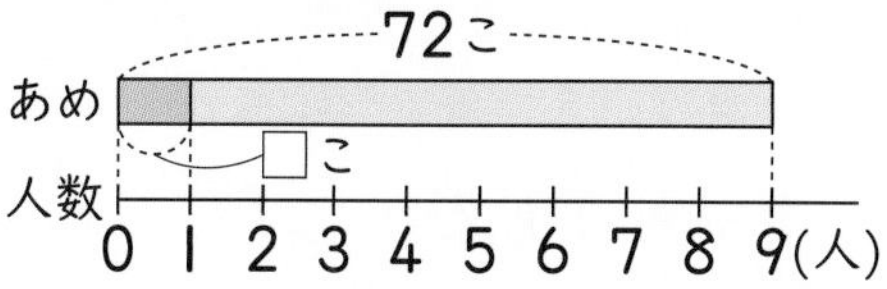

| 1人分の数 | × | 人数 | = | 全部の数 |

式は、□ × ☐ = ☐

□は、いろいろな数をあてはめて考えるか、上の図をもとにわり算でもとめます。

72÷9=☐　　**答え** ☐ こ

4 ガムを4こ買ったら、代金は40円でした。ガム1このねだんは何円ですか。

教科書 72ページ**3**

① ガム1このねだんを□円として、式に表しましょう。

（　　　　　　　　　　）

② □にあてはまる数をもとめましょう。

式

答え （　　　　　　　　　　）

5 1まい8円の色紙を何まいか買ったら、全部で32円でした。買った色紙の数を□まいとして式に表し、□にあてはまる数をもとめましょう。

教科書 72ページ**3**

式 （　　　　　　　　　　）　答え （　　　　　　　　　　）

ポイント わからない数があるときは、その数を□として式に表すことができます。ことばの式や、図をかくと考えやすくなります。

練習のワーク

できた数

／8問中

おわったら
シールを
はろう

1 □を使った式　わからない数を□として式に表し、□にあてはまる数をもとめましょう。

❶　けんさんは、きのうまでに、箱を 58 箱つくりました。今日も何箱かつくったので、箱は全部で 73 箱になりました。

式 (　　　　　　　　　　　　　) 答え (　　　　　　　　)

❷　お金を何円か持って買いものに行きました。300 円の本を買ったら、のこりのお金は 500 円になりました。

式 (　　　　　　　　　　　　　) 答え (　　　　　　　　)

❸　えんぴつを、何本かずつ 3 人に配ると、全部で 27 本いりました。

式 (　　　　　　　　　　　　)

答え (　　　　　　　　)

❹　1 箱 6 こ入りのキャラメルを何箱か買ったら、キャラメルは全部で 42 こになりました。

式 (　　　　　　　　　　　　)

答え (　　　　　　　　)

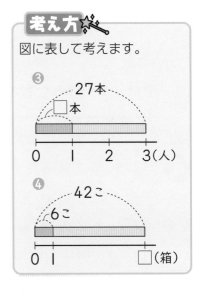

考え方

図に表して考えます。

2 □にあてはまる数をもとめる　□にあてはまる数をもとめましょう。

① [　　　] ＋210＝400　② [　　　] －40＝32

③ [　　　] ×6＝48　④ 9×[　　　] ＝72

考え方

❸❹九九を思いうかべます。

できるナビ　□を使って式をつくってから、□にあてはまる数をもとめるようにしましょう。

まとめのテスト

時間 **20** 分

とく点

/100点

おわったら
シールを
はろう

1 わからない数を□として式に表し、□にあてはまる数をもとめましょう。

① れいぞう庫に、たまごが何こかはいっていました。今日、
お母さんが 10 こ買ってきたので、たまごは全部で 23 こに
なりました。

1つ10〔100点〕

式（　　　　　　　　　）

答え（　　　　　　　　　）

② 画用紙が 300 まいありました。図工の時間に何まいか使ったので、のこりが
214 まいになりました。

式（　　　　　　　　　）　答え（　　　　　　　　　）

③ 牛にゅうが 150mL ありました。何mL かくわえると、
700mL になりました。

式（　　　　　　　　　）

答え（　　　　　　　　　）

④ ノートを 6 さつずつ何人かの子どもに配ると、全部で 24 さついりました。

式（　　　　　　　　　）　答え（　　　　　　　　　）

⑤ どんぐりを、何こかずつ 8 人に配ると、全部で 48 こい
りました。

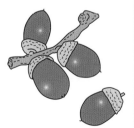

式（　　　　　　　　　）

答え（　　　　　　　　　）

ふろくの「計算練習ノート」23ページをやろう！

 チェック ✓

勉強した日 ▶　　月　　日

倍の見方

きほんのワーク

もくひょう・
倍を使った計算ができるようになろう。

おわったらシールをはろう

教科書　下 74〜77ページ　答え　17ページ

きほん ①　何倍かした大きさをもとめることができますか。

☆ まりなさんと妹は、リボンを持っています。妹のリボンの長さは35cmです。まりなさんのリボンの長さは、妹のリボンの長さの2倍です。まりなさんのリボンの長さは何cmですか。

とき方　まりなさんのリボンの長さは、妹のリボンの長さをもとにすると2つ分だから、

35× □ = □ （cm）となります。

答え □ cm

□cm
まりな
35cm
妹
0　　　　1　　　　2（倍）

---

1 1こ72円のシュークリームがあります。ショートケーキのねだんは、シュークリームのねだんの3倍です。ショートケーキのねだんは何円ですか。　📖教科書 74ページ❶

式

答え（　　　　　　　　）

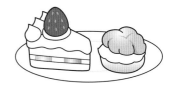

きほん ②　何倍かをもとめるには、どんな計算をしますか。

☆ やすおさんは、切手を28まい持っています。弟は7まい持っています。やすおさんの切手の数は、弟の切手の数の何倍ですか。

たいせつ★
何倍かをもとめるときは、わり算を使います。

とき方　何倍かをもとめるときは、わり算を使って考えます。ここでは7を何倍すると、28になるのか考えます。

28÷ □ = □　　答え □ 倍

28まい
やすお
7まい
弟

さんすうはかせ　2倍のことを「倍」ということもあるよ。「その倍にして下さい」というときは、2倍にしてほしいということになるね。

2 赤い花が 18 本、白い花が 6 本さいています。赤い花の数は、白い花の数の何倍ですか。 📖教科書 75ページ**2**

式

答え（　　　　　　　）

きほん3 もとにする大きさをもとめることができますか。

⭐ ちひろさんの水とうには、12 dL の水がはいります。これは、コップにはいる水の 4 倍です。コップには、何 dL の水がはいりますか。

とき方 コップにはいる水を □dL として、かけ算の式(しき)に表します。

□dL の 4 倍が 12 dL だから、

□ × 4 = ☐

□にあてはまる数は、

12 ÷ 4 = ☐ （dL）となります。

答え ☐ dL

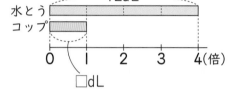

もとにする大きさを □にして、かけ算の式にするんだよ。

---

3 赤のテープの長さは 40 cm で、青のテープの長さの 5 倍です。青のテープの長さは何 cm ですか。 📖教科書 77ページ**3**

式

答え（　　　　　　　）

---

4 みかんが 72 こあります。みかんの数はりんごの数の 8 倍です。りんごは何こありますか。 📖教科書 77ページ**3**

式

答え（　　　　　　　）

ポイント もとの数のいくつ分のことを、「何倍」といいます。何倍にあたる数をもとめるときは「かけ算」で、何倍かをもとめるときは「わり算」で計算します。

練習のワーク

勉強した日 ▶　　月　　日

できた数
　　　/5問中

おわったら
シールを
はろう

1 倍の数　46ｍの高さのビルがあります。タワーの高さは
ビルの高さの３倍です。タワーの高さは何ｍですか。

式

答え（　　　　　　　　　）

たいせつ☆
○倍の大きさをもとめ
るには、○をかけます。

2 何倍になるか　みつおさんはビー玉を21こ、けんじさんは３こ持っています。み
つおさんの持っているビー玉の数は、けんじさんの持っているビー玉の数の何倍で
すか。

式

答え（　　　　　　　　　）

3 何倍になるか　赤いテープは32cm、青いテープは４cm
です。赤いテープの長さは、青いテープの長さの何倍で
すか。

式

答え（　　　　　　　　　）

何倍かをもとめる
ときは、わり算を
使えばいいね。

4 何倍かしたもとの数　色紙が45まいあります。色紙は画
用紙の５倍あります。画用紙は何まいありますか。

式

答え（　　　　　　　　　）

考え方☆
答えは□×5＝45
の□にあてはまる数
です。□にあてはま
る数はわり算でもと
めることができます。

5 何倍かしたもとの数　はじめさんのお母さんの年れいは40才で、はじめさんの年
れいの５倍です。はじめさんの年れいは何才ですか。

式

答え（　　　　　　　　　）

できるナビ　（もとの数）×（何倍）＝（何倍かした数）の式をつくって考えましょう。

勉強した日 　月　日

とく点

/100点

おわったら
シールを
はろう

時間
20
分

教科書 下 74〜78ページ　　答え 17ページ

1 赤のリボンの長さは 35cm です。青のリボンの長さは、赤のリボンの長さの 7倍です。青のリボンの長さは何cmですか。　　　　　　　　　　1つ10〔20点〕

式

答え（　　　　　　　　）

2 よく出る みかんが 56 こ、りんごが 8 こあります。みかんの数は、りんごの数の何倍ですか。　　　　　　　　　　　　　　　1つ10〔20点〕

式

答え（　　　　　　　　）

3 かずやさんはシールを 63 まい、弟は 7 まい持っています。かずやさんの持っているシールの数は弟の持っているシールの数の何倍ですか。　　1つ10〔20点〕

式

答え（　　　　　　　　）

4 チョコレート1このねだんは 45 円で、ガム1このねだんの 9 倍です。ガム1このねだんは何円ですか。　　　　　　　　　　　　　　　1つ10〔20点〕

式

答え（　　　　　　　　）

5 麦茶が全部で 27 L あります。麦茶の全部のかさはジュースの全部のかさの 3倍です。ジュースは全部で何Lありますか。　　　　　　　　　1つ10〔20点〕

式

答え（　　　　　　　　）

 チェック ✓
□ 何倍かした数や何倍したかがわかるかな？
□ 何倍かしたもとの数をもとめることができたかな？

85

もくひょう

三角形の名前がわかり、また、三角形をかけるようにしよう。

おわったらシールをはろう

① 二等辺三角形と正三角形

きほんのワーク

教科書 ⓣ 80〜87、94ページ　答え 18ページ

きほん ❶ 二等辺三角形や正三角形がわかりますか。

☆ 右のⓐからⓞの三角形の中から、二等辺三角形(にとうへんさんかくけい)や正三角形をえらびましょう。

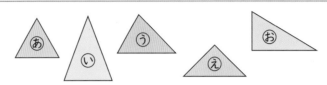

とき方　ⓐからⓞの三角形の辺の長さをコンパスなどで調(しら)べます。

2つの辺の長さが等(ひと)しい…　□、　□

3つの辺の長さが等しい…　□

3つの辺の長さがすべてちがう…　□、　□

たいせつ☆

2つの辺の長さが等しい三角形を**二等辺三角形**といいます。
3つの辺の長さが等しい三角形を**正三角形**(せいさんかくけい)といいます。

答え　二等辺三角形　□　と　□

正三角形　□

❶ 次(つぎ)の三角形は何という三角形ですか。　📖教科書 81ページ❶

❶ 6cm のひご2本、3cm のひご1本でできる三角形　（　　　　　　　）

❷ 6cm のひご3本でできる三角形　（　　　　　　　）

❷ 下の三角形の中から、二等辺三角形や正三角形をえらびましょう。

📖教科書 83ページ ❶

 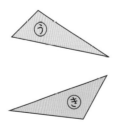  

等しい辺の長さを見つけるときにはコンパスを使(つか)うとべんりだよ。

二等辺三角形（　　　　　　　）

正三角形　　（　　　　　　　）

 さんすうはかせ　【三角形の中心はどこ？】あつさの同じ三角形の紙板(かみいた)があって、この板でくるくる回るコマをつくろうとすると、どこを「じく」にすればよいでしょう。

（答えは 88 ページ）

きほん 2 二等辺三角形や正三角形のかき方がわかりますか。

⭐ 辺の長さが 2 cm、4 cm、4 cm の二等辺三角形をかきましょう。

とき方 じょうぎとコンパスを使って、次のじゅんじょでかきます。

1 2 cm の辺をかく。

2 2 cm の辺の両はしの点のうちかたほうの点を
中心にして、半径 4 cm の円をかく。

3 2 cm の辺のもう 1 つのはしの点を中心にして、
半径 4 cm の円をかく。

4 2 と 3 の交わった点と 2 cm の辺の両はしの
点をむすぶ。

答え

---

3 次の三角形をかきましょう。

📖 教科書 84ページ **2**
85ページ **3**

① 辺の長さが 4 cm、
3 cm、3 cm の二等辺
三角形

② 辺の長さが
2 cm の正三角形

③ 辺の長さが 3 cm、5 cm、
3 cm の二等辺三角形

---

4 円や方眼紙を使って、二等辺三角形をそれぞれ 1 つずつかきましょう。

📖 教科書 86ページ **5**
94ページ

円のまわりの
2 つの点と円
の中心を直線
でむすぶと二
等辺三角形が
できるね。

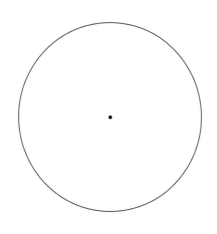

ポイント 二等辺三角形や正三角形を調べるときは、三角形の大きさやおかれているいちに関係なく、
辺の長さだけに目をつけます。

勉強した日 ▶　　月　　日

もくひょう
角の大きさをくらべることができるようにしよう。

おわったら
シールを
はろう

② **三角形と角**

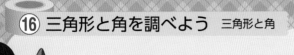

きほんのワーク

教科書　下 88〜91ページ　　答え　18ページ

きほん ①　角の大きさをくらべることができますか。

☆ 下の三角じょうぎの角⑦と④で、どちらの角が大きいですか。

とき方　2つの三角じょうぎを重ねて、角の大きさをくらべてみます。

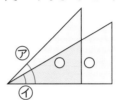

□ のほうが

□ より大きくなっています。

たいせつ☆
1つの頂点から出ている2つの辺がつくる形を、**角**といいます。
角をつくっている辺の開きぐあいを、**角の大きさ**といいます。
角の大きさは、辺の長さに関係なく、辺の開きぐあいできまります。

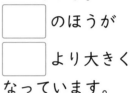

頂点　辺
角
辺

答え

□

① 右の図のように、三角じょうぎを重ねました。

📖 教科書 88ページ ①

❶　いちばん小さい角は⑦から⑰のどれですか。

（　　　　　　　）

❷　直角になっている角は⑦から⑰のどれですか。

（　　　　　　　）

❸　④の角と同じ大きさの角は⑦から⑰のどれですか。

（　　　　　　　）

❹　次の角はどちらが大きいですか。大きいほうを○でかこみましょう。

（　⑰、⑰　）（　⑰、⑰　）（　⑰、⑰　）

三角じょうぎの重ね方をいろいろくふうして調べればいいのね。

② 下の角の大きさをくらべて、小さいじゅんにかきましょう。

📖 教科書 89ページ ①

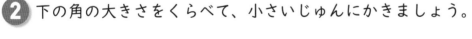

（　　　、　　　、　　　、　　　、　　　）

88

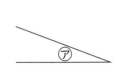**さんすうはかせ**　三角形の頂点から向かい合う辺の真ん中の点をむすんだ線が1つに交わった点を「重心」といって、これが三角形の中心、コマの「じく」になるよ。

きほん2 二等辺三角形と正三角形の角の大きさの関係がわかりますか。

☆ 右の⑥と⑩の三角形の角の大きさについて答えましょう。

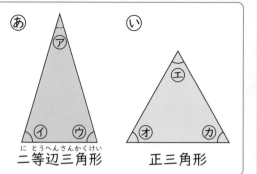

① ④の角と等しい大きさの角はどれですか。

② ㋔の角と等しい大きさの角はどれですか。

二等辺三角形　　　正三角形

とき方 ⑥は二等辺三角形なので、④と□の2つの角の大きさが等しくなります。⑩は正三角形なので、㋔と□と□の3つの角の大きさが等しくなります。

たいせつ
二等辺三角形では、2つの角の大きさが等しくなっています。
正三角形では、3つの角の大きさが等しくなっています。

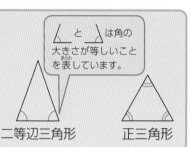

⎿と⎾は角の大きさが等しいことを表しています。

二等辺三角形　　　正三角形

答え ① □の角　② □と□の角

3 下の図のように、2まいの三角じょうぎをならべました。できた三角形の名前をそれぞれかきましょう。

📖教科書 90ページ ②

①

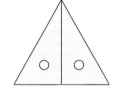
②

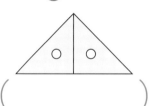
③

（　　　　　）　　（　　　　　）　　（　　　　　）

きほん3 二等辺三角形や正三角形を使って、いろいろな形がつくれますか。

☆ ⑥の正三角形を3まいしきつめて⑩の形をつくるには、どのようにしきつめればよいですか。

⑥　　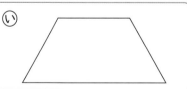⑩

とき方 ⑥の正三角形をすきまなくならべてみます。

答え 上の図に記入

4 下の①、②の図は、それぞれどんな三角形をならべたものですか。

① 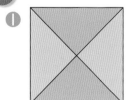②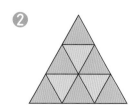

📖教科書 91ページ ③

（　　　　　）　　　　　　　　　（　　　　　）

ポイント 二等辺三角形は2つの角の大きさが等しく、正三角形は3つの角の大きさが等しくなっています。

練習のワーク

できた数

/9問中

おわったら
シールを
はろう

教科書　下 80〜93ページ　　答え　18ページ

1 いろいろな三角形　下の三角形を調べ、二等辺三角形には〇を、正三角形には△を、どちらでもないものには×をつけましょう。

(　　　)(　　　)(　　　)(　　　)(　　　)(　　　)

> たいせつ☆
>
> 二等辺三角形…2つの辺の長さが等しい三角形
> 正三角形…3つの辺の長さが等しい三角形

2 正三角形のかき方　右の図は、半径が2cmの円です。この円を使って、1辺の長さが2cmの正三角形を1つかきましょう。

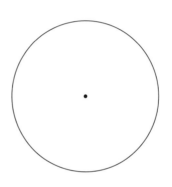

> 考え方☆
>
> 〔れい〕　円のまわりにアの点をかき、コンパスを使って、イの点をさがします。
>
>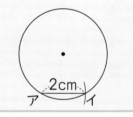

3 角の大きさ　角の大きさが小さいじゅんにかきましょう。

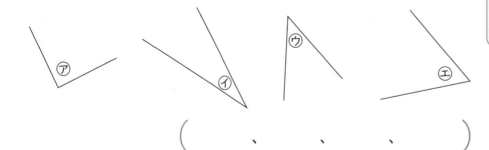

(　　　、　　　、　　　、　　　)

> 三角じょうぎを使って角の大きさをくらべてみよう。

4 二等辺三角形のしきつめ　右の図のあの二等辺三角形をしきつめて、いの二等辺三角形をつくります。あの二等辺三角形は何まいいりますか。
└向きにも注意しましょう。

 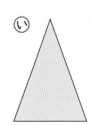

(　　　　　　)

できるナビ　二等辺三角形や正三角形のとくちょうがいえるようにきちんとおぼえておきましょう。

まとめのテスト

時間 20分

とく点 /100点

おわったら シールを はろう

教科書 下 80〜93、138ページ 答え 18ページ

1 よく出る 次のような三角形をノートにかきましょう。　　1つ8〔16点〕

① 辺の長さが、10cm、7cm、7cmの三角形

② 辺の長さが、9cm、9cm、9cmの三角形

2 長方形の紙を2つにおってぴったり重ねてからアイで切り取り、三角形をつくります。あからうのように切って、開いたときにできる三角形の名前をかきましょう。

1つ10〔30点〕

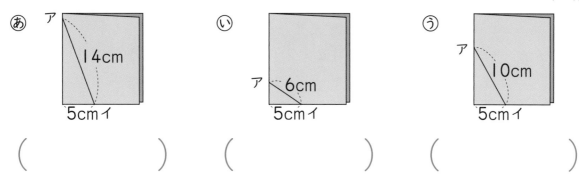

（　　　　　　）　（　　　　　　）　（　　　　　　）

3 三角じょうぎを使って、下の⑦から⑨、⑩から⑫の角を調べ、□にあてはまる数をかきましょう。

1つ10〔30点〕

① ⑨の角の大きさは、⑧の角の □ つ分。

② ⑦の角の大きさは、⑧の角の □ つ分。

③ ⑩の角の大きさは、⑪の角の □ つ分。

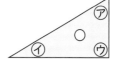

4 右の図のように、半径2cmの円を3つかきました。　　1つ8〔24点〕

① それぞれの円の中心ア、イ、ウを直線でむすんでできる三角形の名前をいいましょう。

（　　　　　　　　　　）

② 右の図の三角形の辺あ、いの長さは何cmですか。

あ（　　　　　　　　）

い（　　　　　　　　）

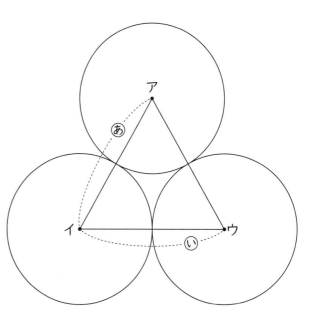

 チェック ✔ □二等辺三角形と正三角形をかくことができたかな？
□三角形のとくちょうを考えながら図を調べられたかな？

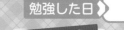

① 何十をかける計算
② 2けたの数をかける計算 [その1]

きほんのワーク

もくひょう
2けたの数をかける計算が筆算でできるようにしよう。

おわったらシールをはろう

教科書 ⑦ 96〜101ページ　答え 19ページ

きほん 1 何十をかけるかけ算の答えのもとめ方がわかりますか。

☆ かけ算をしましょう。　① 6×30　② 14×20

とき方 ① 6×3 = □
　　10倍する　10倍になる
　　6×30 = □

② 14×2 = □
　　10倍する　10倍になる
　　14×20 = □

6×30 の計算は、6×3 の答えの 10倍だから、18 の右に 0 を 1つつけた数になります。

14×20 の計算も同じように、14×2 の答えの 10倍と考えます。

① は 30×6 と計算することもできるね。

答え ① □　② □

1 かけ算をしましょう。

 97ページ①
98ページ②

① 2×40　② 7×50　③ 23×30　④ 36×20

⑤ 52×80　⑥ 90×70　⑦ 400×20　⑧ 800×30

2 ドーナツが 3 こずつはいった箱が 50 箱あります。ドーナツは全部で何こありますか。

教科書 97ページ①

式

答え（　　　　　　　）

3 1本 76 円のえんぴつを 20 本買いました。代金は何円ですか。

教科書 98ページ②

式

答え（　　　　　　　）

76×2 の 10倍と考えるんだね。

 筆算は、13世紀のイタリアの商人フィボナッチがアラビアからの本をもとにした本『計算書』を出したのが始まりだよ。18世紀ごろまでは計算のはやさをきそっていたそうだよ。

⭐ かけ算をしましょう。　❶ 13×32　❷ 45×39

とき方 これまでのかけ算の筆算と同じように、一の位から計算します。

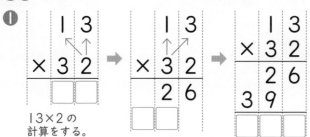

❶
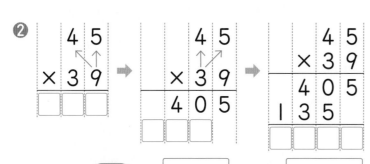

13×2の
計算をする。

13×3の
計算をする。

たし算をする。

13×32の計算について

＜考え方＞
13×32の計算は、32を30
と2に分けて考えます。

$$13×32 \begin{cases} 13×30=390 \\ 13× 2= 26 \end{cases}$$
　　　　あわせて　416

＜筆算のしかた＞

```
    1 3
  × 3 2
    2 6 …13×2
  3 9 0 …13×30
  4 1 6
```

答え ❶ [　　　]　　❷ [　　　　]

4 かけ算をしましょう。

教科書 99ページ**1**
101ページ**2 3**

❶
```
    2 2
  × 1 3
```

❷
```
    8 2
  × 5 9
```

❸
```
    5 8
  × 6 3
```

❹
```
    4 6
  × 2 7
```

❺
```
    3 9
  × 8 2
```

十の位の計算をするときは、
もとめた数を左に1けたずら
してかくことに気をつけよう。

5 色紙を1人に28まいずつ配ります。35人に配るには、色紙は全部で何まいい
りますか。

教科書 101ページ**3**

式

答え（　　　　　　　）

かける数が2けたのかけ算の筆算も、これまでのかけ算の筆算と同じように、一の位から
計算します。筆算のしくみをよく理かいすることが大切です。

もくひょう

かけられる数が3けたの筆算のしかたをわかるようにしよう。

おわったら
シールを
はろう

② 2けたの数をかける計算 ［その2］
③ 3けたの数にかける計算

きほんのワーク

教科書　⏚102～104ページ　　答え　19ページ

きほん 1　計算のくふうができますか。

☆かけ算をしましょう。　❶ 49×30　❷ 50×87

とき方 ❶

```
    4 9
  × 3 0
    0 0  ← 49×0
    □    ← 49×30
  □□□□  ← 0+1470
```

⇨

```
    4 9
  × 3 0
  □□□ 0
```

はじめに
0をかく。
つぎに 49×3

かける数の一の位が0のときは、0をかける計算をはぶいて、かんたんにすることができます。

❷ かけられる数とかける数を入れかえて計算すると、かんたんになります。

■×●＝●×■

```
    5 0
  × 8 7
  □□□□  ← 50×7
  □□ 0   ← 50×80
  □□□□
```

⇨

```
    8 7
  × 5 0
  □□□□
```

答え
❶ □□□□
❷ □□□□

① くふうして計算しましょう。

📖教科書 102ページ④⑤

❶ 63×50　　❷ 7×39　　❸ 60×45

きほん 2　（3けた）×（2けた）の筆算ができますか。

☆463×57の計算をしましょう。

とき方 筆算で計算します。位をそろえてかいて、一の位からじゅんに計算します。

```
    4 6 3
  ×   5 7
  □□□□□
```

⇨

```
    4 6 3
  ×   5 7
    3 2 4 1
```

⇨

```
      4 6 3
  ×     5 7
    3 2 4 1
  2 3 1 5
  □□□□□
```

答え
□□□□□

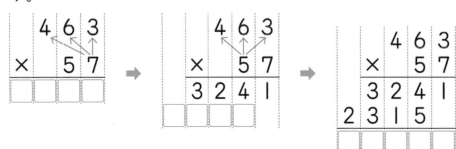

さんすうはかせ 今の筆算の形になるまでには、「倍加法→鎧戸法→電光法→改良電光法」などのように、できるだけかんたんな計算のしかたをするようにくふうされてきたんだよ。

教科書 103ページ **1**
104ページ **2**

2 かけ算をしましょう。

①
```
    1 3 3
  ×   2 3
```

②
```
    3 4 3
  ×   1 2
```

③
```
    2 3 9
  ×   4 8
```

④
```
    4 1 7
  ×    5 2
```

⑤
```
    8 3 2
  ×    6 9
```

⑥
```
    6 7 5
  ×    8 4
```

⑦ 309×86

⑧ 208×93

⑨ 760×62

3 1さつ785円のスケッチブックを15さつ買いました。代金は何円ですか。

教科書 103ページ **1**

式

答え（　　　　　　　　）

4 1箱に508このクリップがはいっている箱が30箱あります。クリップは全部で何こありますか。

教科書 104ページ **2**

式

答え（　　　　　　　　）

ポイント （3けた）×（2けた）の筆算も、一の位から計算します。筆算のしかたをくふうすると、計算がしやすくなることがあります。

⑰ かけ算の筆算のしかたをさらに考えよう　かけ算の筆算⑵

できた数

　　　　　／18問中

おわったら
シールを
はろう

教科書　下 96〜106ページ　　答え　19ページ

1 何十をかける計算　かけ算をしましょう。

① 3×60　　② 50×30　　③ 8×70　　④ 40×80

2 2けたの数をかける計算　かけ算をしましょう。

① 　24
　×32

② 　26
　×30

③ 　324
　×　73

④ 　304
　×　50

⑤ 　29
　×23

⑥ 　47
　×80

⑦ 　143
　×　53

⑧ 　790
　×　68

3 2けたの数をかける計算　1こ 32円のクッキーを 15こ買いました。代金は何円ですか。

式

　　　　　　　　　　　　　答え（　　　　　　　　　）

4 2けたの数をかける計算　1分間に 247まいの紙をいんさつするいんさつきがあります。このいんさつきは、35分間で何まいの紙をいんさつできますか。

式

　　　　　　　　　　　　　答え（　　　　　　　　　）

5 計算のくふう　計算のしかたをくふうして、筆算でしましょう。

① 9×36　　② 70×54　　③ 70×60　　④ 403×90

できるナビ　かけ算の筆算が正しくできるようにしましょう。

まとめのテスト

教科書　下 96〜106ページ　答え 20ページ

時間 20分

とく点　　/100点

おわったら
シールを
はろう

1 よく出る かけ算をしましょう。　　　　　　　　　　　　1つ5〔45点〕

① 92×60　　　② 23×43　　　③ 35×16

④ 57×34　　　⑤ 432×12　　　⑥ 329×73

⑦ 800×36　　　⑧ 703×54　　　⑨ 608×90

2 リボンでかざりをつくります。1このかざりをつくるのに、リボンを53cm使います。かざりを27こつくるには、リボンは何m何cmいりますか。　1つ7〔14点〕

式

答え（　　　　　　　）

3 □にあてはまる数をかきましょう。　　　　　　　　1つ9〔27点〕

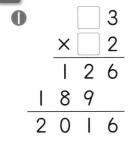
```
①   □ 3
  × □ 2
  ─────
  1 2 6
  1 8 9
  ─────
  2 0 1 6
```

```
②     4 7
  ×  □□
  ─────
    1 8 8
  □ 4 1
  ─────
  □ 5 9 8
```

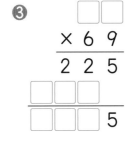
```
③     □□
  ×  6 9
  ─────
  2 2 5
  □□□
  ─────
  □□□ 5
```

4 まゆみさんのクラス32人で水族館に行きました。入場りょうは1人440円です。入場りょうは全部で何円になりますか。　1つ7〔14点〕

式

答え（　　　　　　　）

ふろくの「計算練習ノート」24〜27ページをやろう！

□ 2けたの数をかける計算ができたかな？
□ 場面からかけ算の式をつくって、答えをもとめられたかな？

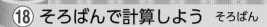

⑱ そろばんで計算しよう　そろばん

① **数の表し方**
② **たし算とひき算**

きほんのワーク

もくひょう
そろばんでたし算やひき算ができるようにしよう。

おわったら
シールを
はろう

教科書 ⓣ 108〜111ページ　答え 21ページ

きほん ① そろばんにおいた数がよめますか。

⭐ 右のそろばんの数をよみましょう。

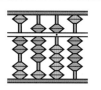

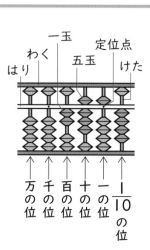

とき方 定位点のあるけたを一の位とし、じゅんに十、百、千、万の位とします。一の位の右がわは $\frac{1}{10}$ の位です。

百の位の数は ☐ 、十の位の数は ☐ 、一の位の数は ☐ 、$\frac{1}{10}$ の位の数は ☐ なので、このそろばんの数は、☐ です。

答え ☐

---

1 次の数をよみましょう。

📖教科書 109ページ ①

① 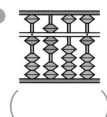　　②

(　　　　)　　(　　　　)

1、2、3、4の入れ方ととり方

5の入れ方ととり方

きほん ② そろばんを使って、たし算ができますか。

⭐ 54＋32を、そろばんで計算しましょう。

とき方 大きい位の数から計算していきます。

54をおく。 ➡ 32の30をたすには、十の位の一玉を3入れる。 ➡ 32の2をたすには、一の位に五玉を入れて、入れすぎた3をとる。

6、7、8、9の入れ方ととり方

答え ☐

 そろばんは世界中にいろいろあり、今のこっているいちばん古いそろばんは紀元前 300 年ごろの「サラミスのそろばん」といわれているものだよ。

2 そろばんで計算しましょう。 教科書 110ページ 1 2

① 27+52 ② 32+14 ③ 3万+4万 ④ 2.3+4.2

きほん 3 そろばんを使って、ひき算ができますか。

⭐54-32を、そろばんで計算しましょう。

とき方 大きい位の数から計算していきます。

54をおく。 32の30をひくには、 32の2をひく。
20を入れ50をとる。

玉を入れるときは、人さし指と親指を使うよ。玉をとるときは、人さし指を使うね。

答え ☐

3 そろばんで計算しましょう。 教科書 110ページ 1 2

① 48-23 ② 65-14 ③ 8万-4万 ④ 6.8-3.4

きほん 4 そろばんを使って、たし算やひき算ができますか。

⭐そろばんを使って、次の計算をしましょう。 ① 7+9 ② 14-7

とき方

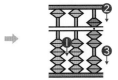

① 7をおく。 1をとって、 ② 14をおく。 10をとり5を
10を入れる。 入れ、2をとる。

答え ① ☐ ② ☐

4 そろばんで計算しましょう。 教科書 111ページ 3

① 24+18 ② 8万+7万 ③ 70-18 ④ 3.4-1.9

ポイント 正しい玉の入れ方、とり方をおぼえましょう。そろばんのたし算、ひき算は大きい位から
じゅんに計算していきます。小数や大きな数の計算も、できるようになりましょう。

⑱ そろばんで計算しよう　そろばん

練習のワーク

教科書 下 108〜111ページ　答え 21ページ

できた数

/20問中

おわったら
シールを
はろう

1 そろばんの数の表し方　□にあてはまる数やことばをかきましょう。

そろばんに 426.8 という数を入れるときは、定位点に注意

して、□ の位、□ の位、□ の位、□ の位のじゅ

んに、4、2、6、8 を入れます。

定位点のどれかを
一の位ときめて、
そこからじゅんに
位取りをするよ。

2 そろばんのよみ方　次の数をよみましょう。

① 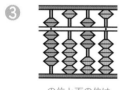　（　　　　　）

② 　（　　　　　）
十の位は 0 に
なっています。

③ 　（　　　　　）
一の位と百の位は
0 になっています。

④ 　（　　　　　）
定位点の 1 つ右は、
$\frac{1}{10}$ の位です。

数のよみ方
そろばんは、一玉
1 こで 1 を表し、
五玉 1 こで 5 を
表します。

3 そろばんを使った計算　そろばんで計算しましょう。

① 53＋42

② 95−72

③ 28＋43

④ 86−47

⑤ 6.7＋3.1
67＋31 と同じように計算します。

⑥ 4.3−2.4

⑦ 2.6＋3.4

⑧ 7−2.8

⑨ 3万＋8万
3＋8 と同じように計算します。

⑩ 5万＋7万

⑪ 9万−3万

⑫ 7万−2万

できる ナビ　そろばんを使って数を表したり、正しく計算したりできるようにしましょう。

まとめのテスト

教科書　下 108〜111ページ　答え 21ページ

時間 20分

とく点 ／100点

おわったら シールを はろう

1 次の数をよみましょう。

1つ5〔10点〕

❶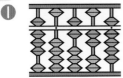

❷

（　　　　　　）　　　　（　　　　　　）

2 そろばんで計算しましょう。

1つ5〔60点〕

❶ 35＋14

❷ 62＋33

❸ 24＋71

❹ 47＋43

❺ 56＋25

❻ 27＋67

❼ 89－27

❽ 63－17

❾ 77－34

❿ 86－53

⓫ 55－23

⓬ 91－43

3 そろばんで計算しましょう。

1つ5〔30点〕

❶ 6万＋5万

❷ 9万＋3万

❸ 8万－4万

❹ 0.4＋0.9

❺ 1.2－0.7

❻ 7.1－3.8

チェック✔ □ そろばんの数をよむことができたかな？
□ そろばんを使ってたし算やひき算ができたかな？

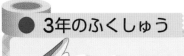

時間 20分

とく点

/100点

おわったら
シールを
はろう

教科書 ⑦118〜120ページ 答え 21ページ

1 □にあてはまる数、不等号をかきましょう。 1つ2〔10点〕

① 100万を3こと、10万を6こと、1000を4こあわせた数は □ です。

② 270を100倍した数は □ です。

また、270を10でわった数は □ です。

③ 5789979 □ 5798001

④ 720万＋280万 □ 100万

2 次の計算をしましょう。 1つ4〔36点〕

① 328＋574

② 649＋821

③ 4621＋2393

④ 2010＋1801

⑤ 743－269

⑥ 902－368

⑦ 6305－4927

⑧ 5001－794

⑨ 7892－963

3 次の計算をしましょう。 1つ6〔54点〕

① 59×3

② 92×5

③ 315×8

④ 912×30

⑤ 506×43

⑥ 52÷6

⑦ 36÷5

⑧ 80÷8

⑨ 62÷2

チェック ✓ □ 大きい数のたし算、ひき算ができたかな？
□ かけ算の筆算やあまりのあるわり算ができたかな？

まとめのテスト❷

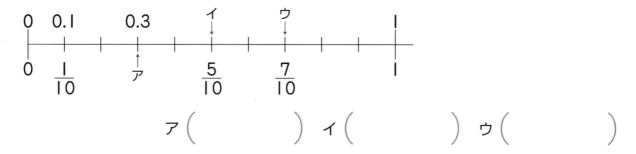

教科書 ⬇118～120ページ　　答え 22ページ

時間 20 分

とく点 /100点

おわったら シールを はろう

1 下の数直線で、アからウの数をかきましょう。

1つ5〔15点〕

```
0   0.1      0.3        イ        ウ              1
|----|----|----|----|----|----|----|----|----|----|
0    1/10         ↑         5/10       7/10              1
                 ア
```

ア（　　　　　）　イ（　　　　　）　ウ（　　　　　）

2 次の計算をしましょう。

1つ5〔40点〕

❶ 3.8＋5.2　　❷ 7＋4.6　　❸ 9.1－6.3　　❹ 8－2.7

❺ $\dfrac{5}{9}+\dfrac{3}{9}$　　❻ $\dfrac{6}{10}+\dfrac{2}{10}$　　❼ $\dfrac{5}{7}-\dfrac{2}{7}$　　❽ $1-\dfrac{3}{8}$

3 次の時こくや時間をもとめましょう。

1つ5〔15点〕

❶ 午後 3 時 30 分から 45 分後の時こくと 45 分前の時こく

　　　　　　　　　45 分後の時こく（　　　　　　　）

　　　　　　　　　45 分前の時こく（　　　　　　　）

❷ 午前 8 時 30 分から午前 10 時までの時間　　　（　　　　　　　）

4 □にあてはまる数をかきましょう。

1つ5〔30点〕

❶ 5km＝□m　　　　　　　❷ 2070m＝□km□m

❸ 3kg180g＝□g　　　　　❹ 1800g＝□kg

❺ 4t＝□kg　　　　　　　 ❻ 2 分 40 秒＝□秒

チェック✓
□小数や分数のたし算とひき算ができたかな？
□時こくや時間をもとめることができたかな？

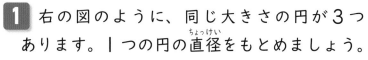

まとめのテスト❸

1 右の図のように、同じ大きさの円が3つあります。1つの円の直径をもとめましょう。
〔15点〕

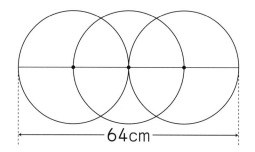

64cm

(　　　　　　　　)

2 次の三角形をノートにかきましょう。また、何という三角形ですか。　1つ10〔40点〕

❶　辺の長さが、3.5cm、3.5cm、3.5cm の三角形

三角形の名前 (　　　　　　　　)

❷　辺の長さが、3cm、4cm、4cm の三角形

三角形の名前 (　　　　　　　　)

3 下の表は、まゆみさんの組の人たちのすきな動物についてまとめたものです。この表をぼうグラフに表しましょう。
〔25点〕

すきな動物調べ

動物	人数(人)
うさぎ	3
パンダ	8
犬	9
ライオン	5
その他	4

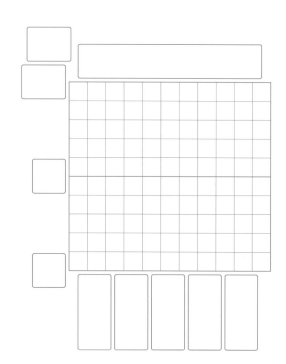

4 えりかさんは、シールを何まいか持っていました。みちるさんから 12 まいもらったので、シールは 47 まいになりました。もとのシールのまい数を□まいとして式に表し、□にあてはまる数をもとめましょう。
1つ10〔20点〕

式 (　　　　　　　　)　答え (　　　　　　　　)

 □ 円や三角形のとくちょう、ぼうグラフのかき方をおぼえていたかな？
□ □を使った式をつくって、答えをもとめることができたかな？

ふろくの「計算練習ノート」28〜29ページをやろう！

夏休みのテスト①

時間 30分

名前

教科書　⊕ 12〜98ページ　答え　23ページ

とく点　　／100点

おわったら
シールを
はろう

1 かけ算をしましょう。

1つ4[12点]

❶ 0×7　　❷ 2×10　　❸ 30×5

(　　　)　(　　　)　(　　　)

2 □にあてはまる数をかきましょう。

1つ4[8点]

❶ 9×3=9×4−□

(　　　)

❷ 6×7

2×7=□

×7=□

6×7=□

3 わり算をしましょう。

1つ4[12点]

❶ 63÷7　　❷ 7÷1　　❸ 90÷9

(　　　)　(　　　)　(　　　)

6 □にあてはまる数をかきましょう。

1つ4[8点]

❶ 6分=□秒

❷ 70秒=□分□秒

7 次の計算をしましょう。

1つ4[16点]

❶ 368+782　　❷ 5342+559

(　　　)　　(　　　)

❸ 700−408　　❹ 8546−2738

(　　　)　　(　　　)

8 みなこさんは、3568円のスカートを買うた

夏休みのテスト②

実力判定テスト

時間 30分

1 次の計算をしましょう。　1つ4[24点]

① 3×0 （　　　）

② 10×7 （　　　）

③ 400×8 （　　　）

④ 0÷8 （　　　）

⑤ 6÷6 （　　　）

⑥ 62÷2 （　　　）

2 □にあてはまる数をかきましょう。　1つ3[6点]

① 8×6=8×5+□

② 4×2=□×4

3 ドーナツが27こあります。

6 875まいの画用紙のうち、658まいを使いました。のこりは何まいですか。　1つ4[8点]

式

答え（　　　）

7 右の表は、3年生が住んでいる町べつの人数を、組ごとに調べてまとめたものです。　1つ6[12点]

町べつの人数　(人)

組＼町	1組	2組	3組	合計
東町	14	11	5	え
中町	9	15	8	お
西町	12	8	18	か
合計	あ	い	う	き

❶ あから⑧にあてはまる数をかきましょう。

❷ 3年生がいちばん多く住んでいる町は、どの

町ですか。

① 1人に3こずつ分けると、何人に分けられますか。

式

答え（　　　　　）

② 9人で同じ数ずつ分けると、1人分は何こになりますか。

式

答え（　　　　　）

4 □にあてはまる数をかきましょう。　1つ3[6点]

① 5分 = □ 秒

② 85秒 = □ 分 □ 秒

5 わかなさんは、午後1時50分に家を出て、40分歩くとプールに着きました。着いた時こくは午後何時何分ですか。　[8点]

（　　　　　）

8 わり算をして、答えのたしかめをしましょう。　1つ3[12点]

① 38÷6

答え（　　　　　）

たしかめ（　　　　　）

② 48÷9

答え（　　　　　）

たしかめ（　　　　　）

9 28人の子どもがかんらん車に乗ります。1台のゴンドラに6人ずつ乗るとすると、全員が乗るには、ゴンドラは何台ひつようでしょうか。　1つ4[8点]

式

答え（　　　　　）

4 35cm のリボンがあります。 1つ4[16点]

① 同じ長さずつ 5 本に切ると、1 本は何 cm になりますか。

式

答え（ 　　　　 ）

② 1 本 7cm ずつに切り取ると、何本切り取れますか。

式

答え（ 　　　　 ）

めに 5000 円さつを出しました。おつりは何円ですか。 1つ4[8点]

式

答え（ 　　　　 ）

9 まゆみさんのはんの人のちょ金を調べました。右の表を、ぼうグラフに表しましょう。 [12点]

みんなのちょ金

名前	金がく（円）
まゆみ	800
りょう	300
ゆうた	500
よしみ	900

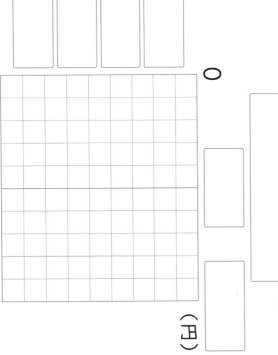

（円）

0

5 かずやさんは、午後 3 時 50 分から、午後 4 時 35 分まで、公園で遊びました。公園で遊んだ時間は何分間ですか。 [8点]

答え（ 　　　　 ）

実力判定テスト

まるごと 文章題テスト②

●勉強した日　月　日

名前

とく点　／100点

答え　24ページ

おわったら
シールを
はろう

時間 30分

いろいろな文章題にチャレンジしよう！

1 1さつ400円のノートを3さつ買います。代金は何円ですか。

1つ5[10点]

式

答え（　　　　）

2 28本の花があります。7本ずつたばにすると、花たばはいくつできますか。

1つ5[10点]

式

答え（　　　　）

3 ひかるさんと弟は、どんぐりを拾いに行きました。ひかるさんは42こ、弟は7こ拾いました。

6 6Lの牛にゅうを、7dLずつびんに分けていきます。7dLはいったいびんは何本できますか。

1つ5[10点]

式

答え（　　　　）

7 8.3cmのテープと38mmのテープがあります。テープはあわせて何cmありますか。

1つ5[10点]

式

答え（　　　　）

8 ランドセルに本を入れて重さをはかったら、1kg400gありました。本の重さは450gです。ランド

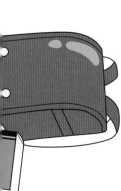

●勉強した日　月　日

名前

とく点 /100点

時間 30分

まるごと 文章題テスト①

算数テスト

いろいろな文章題にチャレンジしよう！

答え 24ページ

1 計算問題が49問あります。毎日同じ数ずつ問題をといて、1週間で全部とき終わるには、1日に何問ずつとけばよいですか。　1つ5[10点]

式

2 80cmのひもがあります。このひもを、1本8cmずつに切り分けます。8cmのひもは何本できますか。　1つ5[10点]

式

答え（　　　）

5 76本のえん筆を、8人で同じ数ずつ分けます。1人分は何本になって、何本あまりますか。　1つ5[10点]

式

答え（　　　）

6 1しゅうが237mの公園のまわりを5しゅう走ります。全部で何m走りますか。　1つ5[10点]

式

答え（　　　）

7 2.5Lはいるやかんと、1.6Lはいる水とうでは、どちらがどれだけ多くはい…

答え（　　　）

3 家から学校まで 25 分かかります。午前 8 時 15 分までに学校に着くためには、おそくとも何時何分までに家を出ればよいですか。 [10点]

式

答え（　　　　　）

4 ある学校では、コピー用紙を、先週は 2194 まい、今週は 1507 まい使いました。 1つ5[20点]

① 先週と今週で、あわせて何まいのコピー用紙を使いましたか。

式

答え（　　　　　）

② 先週と今週で、使ったまい数のちがいは何まいですか。

式

答え（　　　　　）

りますか。

式

答え（　　　　　）

8 たくまさんのテープの長さは $\frac{3}{5}$ m、かすみさんのテープの長さは $\frac{2}{5}$ m です。テープはあわせて何mありますか。 1つ5[10点]

式

答え（　　　　　）

9 1本 155 円のボールペンを 23 本買います。4000 円出すと、おつりは何円ですか。 1つ5[10点]

式

答え（　　　　　）

4 そう庫に品物が 8524 こはいっていました。このうち 4897 こを外に運び出しました。そう庫にのこっている品物は何こですか。

1つ5[10点]

式

答え（　　　　　）

5 6300 まいの紙を、同じ数ずつたばねて 10 のたばをつくりました。1 たばは、何まいになりますか。

1つ5[10点]

式

答え（　　　　　）

ひかるさんの拾った数は、弟の拾った数の何倍ですか。

1つ5[10点]

式

答え（　　　　　）

セルの重さは何gですか。

1つ5[10点]

式

答え（　　　　　）

9 スープが $\frac{7}{9}$ L あります。$\frac{2}{9}$ L 飲むと、のこりは何 L になりますか。

1つ5[10点]

式

答え（　　　　　）

10 リボンでかざりをつくります。1 このかざりをつくるのに、リボンを 28cm 使います。かざりを 52 こつくるには、リボンは何 m 何 cm いりますか。

1つ5[10点]

式

答え（　　　　　）

学年末のテスト①

教科書 ㊤12〜137ページ、㊦5〜111ページ

●勉強した日　月　日

名前

とく点　／100点

答え　24ページ

時間 30分

おわったら
シールを
はろう

1 次の計算をしましょう。わり算は、あまりがある ときはあまりもとめましょう。

1つ3[24点]

① 0×4

② 10×5

③ 38×7

④ 294×4

⑤ 82÷2

⑥ 61÷7

⑦ 427+395

⑧ 604−218

5 次の計算をしましょう。

1つ4[24点]

① 2.8+4.5

② 5.2+1.8

③ 7.4−6.5

④ 3.9−2

⑤ $\frac{1}{7}+\frac{5}{7}$

⑥ $1-\frac{1}{5}$

6 次の三角形の名前をかきましょう。

1つ4[8点]

① どの辺の長さも 5cm の三角形

② 辺の長さが 8cm、10cm、8cm の三角形

●勉強した日　　月　　日

実力判定テスト 学年末のテスト②

時間 30分

名前　　とく点　　/100点

おわったらシールをはろう

教科書 ㊤12〜137ページ、㊦5〜111ページ　答え 24ページ

1 ひろとさんは絵はがきを24まい、妹は4まい持っています。ひろとさんの持っている絵はがきの数は、妹の絵はがきの数の何倍ですか。

式　　1つ5〔10点〕

答え（　　）

2 右の2つの表は、あゆみさんたちが、校門の前の道を10分間に通った乗用車とトラックの数を調べたものです。　　1つ5〔10点〕

車調べ（南行き）

しゅるい	台数(台)
乗用車	23
トラック	13

車調べ（北行き）

しゅるい	台数(台)
乗用車	14
トラック	7

❶ 上の2つの表を、右

車調べ　　(台)

しゅるい ＼ 方向	南行き	北行き	合計

4 コンパスを使って、直径が4cmの円をかきましょう。　〔10点〕

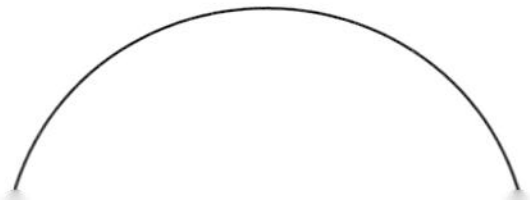

5 重さが300gのかごにみかんを入れてはかると、1kg200gになりました。みかんの重さは何gですか。　　1つ5〔10点〕

式

答え（　　）

6 右の図のように、円の中心と円のまわりをむすんでかいた三角形の名前をかきましょう。　〔10点〕

7 かけ算をしましょう。 1つ5[20点]

① 4×16 （　　）

② 73×65 （　　）

③ 386×23 （　　）

④ 805×49 （　　）

8 クラッカーが 63 まいあります。何人かで同じ数ずつ分けたら、1人分は 7 まいになりました。分けた人数を□人として，わり算の式に表し、□にあてはまる数をもとめましょう。 1つ5[10点]

式 （　　）

答え （　　）

の1つの表にまとめましょう。

	あ	え	き
乗用車	い	お	く
トラック			
合計	う	か	け

② 10分間に、校門の前を通った乗用車とトラックの台数は合計何台ですか。

（　　）

3 580 を 10倍、100倍、1000 倍した数は、それぞれいくつですか。また、10でわった数はいくつですか。 1つ5[20点]

10倍 （　　）

100倍 （　　）

1000倍 （　　）

10でわった数 （　　）

2 しおりさんは、午前10時55分から午前11時15分まで、部屋のそうじをしました。そうじをした時間は何分間ですか。

[6点]

（　　　　　）

3 84ページの本があります。1日に9ページずつ読むと、何日で読めますか。

[1つ4[8点]

式

答え（　　　　　）

4 □にあてはまる数をかきましょう。

[1つ3[6点]

① 2750m ＝ □km □m

② 8km30m ＝ □m

7 かけ算をしましょう。

[1つ4[16点]

① 94×37

② 47×85

③ 613×24

④ 584×76

8 ゆうきさんはカードを何まいか持っています。みきさんに23まいもらったので、50まいになりました。はじめに持っていたカードの数を□まいとしてたし算の式に表し、□にあてはまる数をもとめましょう。

[1つ4[8点]

式

答え（　　　　　）

算数 3年 日文 ③ オモテ

●勉強した日　　月　　日

名前

時間 30分

数科書 ⊕ 99〜137ページ ⊕ 5〜63ページ

答え 23ページ

とく点

／100点

おわったら
シールを
はろう

1 下の数直線の⑦から㋜が表す数をかきましょう。
1つ3〔12点〕

7000万　　8000万　　9000万

⑦（　　　　）
⑦（　　　　）　　㋑（　　　　）
㋑（　　　　）　　㋜（　　　　）

2 次の計算をしましょう。
1つ3〔18点〕

① 37×4　　② 84×7

（　　　　）　　（　　　　）

③ 82×5　　④ 419×4

（　　　　）　　（　　　　）

4 右の図のように、箱の中に、同じ大きさのボールがきちんとはいっています。ボールの半径が3cmとすると、箱の⑦、㋑の長さはそれぞれ何cmですか。
1つ4〔8点〕

⑦（　　　　）　　㋑（　　　　）

5 はりのさしている重さをかきましょう。
1つ4〔8点〕

①

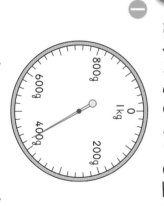

②

（　　　　）　　（　　　　）

6 次の計算をしましょう。
1つ4〔24点〕

① 5.7＋3.6　　② 2＋4.8

冬休みのテスト①

名前

1 次の数を数字でかきましょう。　1つ3[12点]

① 七千二百五万千六十四

（　　　　）

② 1000 を 832 こ集めた数

（　　　　）

③ 1000万を 10 こ集めた数

（　　　　）

④ 52600 を 10 でわった数

（　　　　）

2 みきさんの家から学校までのきょりは何mですか。また、みきさんの

5 次の計算をしましょう。　1つ3[12点]

① 13×6　　② 42×8

（　　　）　　（　　　）

③ 273×3　　④ 521×7

（　　　）　　（　　　）

6 □にあてはまる数をかきましょう。　1つ4[8点]

① 8.2は、1を □ こと、0.1を □ こ あわせた数です。

② 0.1 を 61 こ集めた数は □ です。

7 次の計算をしましょう。　1つ3[12点]

① 0.9+2.2　　② 3.6+5

（　　　）　　（　　　）

③ 8.2 − 4.9 （ 　 ）　　④ 7 − 6.3 （ 　 ）

8 □にあてはまる数をかきましょう。　1つ4[16点]

① 8kg ＝ □ g

② 2t ＝ □ kg

③ 2kg500g ＝ □ g

④ 6450g ＝ □ kg □ g

9 次の計算をしましょう。　1つ3[12点]

① $\dfrac{1}{6} + \dfrac{2}{6}$ （ 　 ）　　② $\dfrac{3}{7} + \dfrac{3}{7}$ （ 　 ）

③ $\dfrac{8}{9} - \dfrac{3}{9}$ （ 　 ）　　④ $1 - \dfrac{2}{10}$ （ 　 ）

家から学校までの道のりは何km何mですか。　1つ4[8点]

800m

きょり （ 　 ）

道のり （ 　 ）

3 □にあてはまる数をかきましょう。　1つ4[16点]

① 4km ＝ □ m

② 7000m ＝ □ km

③ 3km100m ＝ □ m

④ 4150m ＝ □ km □ m

4 1辺が12cmの正方形の中に、円がぴったりはいっています。この円の半径の長さをもとめましょう。　[4点]

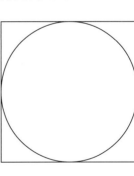

12cm

（ 　 ）

3

あかりさんの家から学校までの道のりは 1 km 200 m、きょりは 800 m です。あかりさんの家から学校までの道のりときょりのちがいは何 m ですか。

1つ7[14点]

式

答え（　　　）

⑤ 388×6　（　　　）

⑥ 604×8　（　　　）

7

けんとさんのリボンの長さは $\frac{3}{7}$ m、さくらさんのリボンの長さは $\frac{2}{7}$ m です。

1つ4[16点]

① リボンはあわせて何 m ありますか。

式

答え（　　　）

② リボンの長さのちがいは、何 m ですか。

式

答え（　　　）

③ 3.4−1.8　（　　　）

④ 4.8−3　（　　　）

⑤ $\frac{4}{5}+\frac{1}{5}$　（　　　）

⑥ $\frac{9}{10}-\frac{3}{10}$　（　　　）

答えとてびき

「答えとてびき」は、とりはずすことができます。

日本文教版

算数 3 年

使い方

まちがえた問題は、もういちどよく読んで、なぜまちがえたのかを考えましょう。正しい答えを知るだけでなく、なぜそうなるかを考えることが大切です。

---

① かけ算のきまりを見つけよう

2・3ページ　きほんのワーク

きほん❶ 0、0　　　　　　　　　　答え0、0、0
❶ ❶ 0　　❷ 0　　❸ 0　　❹ 0
きほん❷ 3、3　　　　　　　　　　答え3、3
❷ ❶ 4　　❷ 2　　❸ 4　　❹ 6
きほん❸ 5、3　　　　　　　　　　答え3
❸ ❶ 7　　❷ 9　　❸ 3　　❹ 8
きほん❹ 答え18、4、36、54、5、30、24、54
❹ ❶ 27、2、18、45　　❷ 6、30、15、45

てびき
❹ かけ算のきまりを使います。
❶ かけ算では、かけられる数を分けて計算しても、答えは同じになるので、5を3と2に分けて計算します。
❷ かけ算では、かける数を分けて計算しても、答えは同じになるので、9を6と3に分けて計算します。

たしかめよう！
❶ かけ算では、どんな数に0をかけても、0にどんな数をかけても答えは0になります。
❷ ❶ かける数が1ふえているので、答えはかけられる数の4だけ大きくなります。
❸ かける数が1へっているので、答えはかけられる数の4だけ小さくなります。
❸ かけられる数とかける数を入れかえて計算しても、答えは同じになります。

4・5ページ　きほんのワーク

きほん❶ 2、6、6、3、18、6、6、18　　答え18

---

❶ ❶ 32　　❷ 12　　❸ 12　　❹ 16
きほん❷ 54、6、2
　　　　　答え6、6、60、8、48、12、60
❷ ❶ 8、8、80　　　　❷ 32、6、48、80
きほん❸ 5、6、7、3、3　　　　　答え7、3
❸ ❶ 5　　❷ 8　　❸ 8　　❹ 5

てびき
❶ ❶ 前からじゅんに計算すると、
4×2=8　8×4=32
あとの2つを先に計算すると、
2×4=8　4×8=32
❷ 前からじゅんに計算すると、
3×2=6　6×2=12
あとの2つを先に計算すると、
2×2=4　3×4=12
❸ 前からじゅんに計算すると、
2×3=6　6×2=12
あとの2つを先に計算すると、
3×2=6　2×6=12
❹ 前からじゅんに計算すると、
2×2=4　4×4=16
あとの2つを先に計算すると、
2×4=8　2×8=16
❷ ❶ 8×10は8×9より、かける数が1ふえたから、8×9=72より8大きい数になります。
❷ かける数の10を4と6に分けて考えます。8×4と8×6をあわせたものが、8×10のかけ算の答えです。

たしかめよう！
❶ 3つの数のかけ算は、じゅんに計算しても、あとの2つを先に計算しても、答えは同じになります。

練習のワーク

❶ ❶ 0 　　　 ❷ 0 　　　 ❸ 0
❷ ❶ 8、32 　 ❷ 8、32 　 ❸ 4、32
❸ ❶ 16、16 　 ❷ 18、18
❹ ❶ 24、2、6、30
　 ❷ 6、30 　 ❸ 10、30
❺ ❶ 4 　　 ❷ 8 　　 ❸ 7 　　 ❹ 8
　 ❺ 3 　　 ❻ 3 　　 ❼ 6 　　 ❽ 8

✋ **たしかめよう!**

❷ ❶ かける数が1ふえると、答えはかけられる数
だけ大きくなります。
❷ かける数が1へると、答えはかけられる数だけ
小さくなります。
❸ かけられる数とかける数を入れかえて計算して
も、答えは同じになります。

まとめのテスト

❶ ㋐ 35 　　 ㋑ 24 　　 ㋒ 48
　 ㋓ 63 　　 ㋔ 8 　　 ㋕ 20
❷ ❶ 0 　　 ❷ 0 　　 ❸ 8
　 ❹ 6 　　 ❺ 8 　　 ❻ 4
　 ❼ 40 　　 ❽ 70 　　 ❾ 6
　 ❿ 3
❸ 式 4×10=40 　　　　　　 答え40こ
❹ 8点

🪧 **てびき** ❶ 九九の表を横に見て考えます。
❶ 27　36　45
　　　↖9↗↖9↗
9ずつ大きくなる→9のだんの九九
㋐は7のだんの九九→28+7=35
㋑は8のだんの九九→32-8=24
❷ 35　40　45
　　　↖5↗↖5↗
5ずつ大きくなる→5のだんの九九
㋒は6のだんの九九→42+6=48
㋓は7のだんの九九→56+7=63
❸ 12　15　18
　　　↖3↗↖3↗
3ずつ大きくなる→3のだんの九九
㋔は2のだんの九九→10-2=8
㋕は4のだんの九九→16+4=20
❹ それぞれのところの得点は次のようになりま
す。
3点のところ…3×0=0
2点のところ…2×3=6

1点のところ…1×2=2
0点のところ…0×5=0
得点の合計は、0+6+2+0=8で8点です。

② **新しい計算のしかたを考えよう**

きほんのワーク

きほん❶ 5、15、3、5 　　　　　　 答え5
❶ ❶ 8÷4 　　　　 ❷ 21÷7
きほん❷ 24、24、4 　　　　　　 答え4
❷ 式 32÷8=4 　　　　　 答え4まい
❸ 式 42÷7=6 　　　　　 答え6こ
きほん❸ 24、24、4 　　　　　　 答え4
❹ 式 54÷9=6 　　　　　 答え6ふくろ
❺ ❶ だん2のだん 　　　　　 答え8
　 ❷ だん5のだん 　　　　　 答え6
　 ❸ だん3のだん 　　　　　 答え8
　 ❹ だん8のだん 　　　　　 答え9
　 ❺ だん7のだん 　　　　　 答え6
　 ❻ だん4のだん 　　　　　 答え9
❻ (れい)
・色紙が14まいあります。2人で同じ数ずつ分
けると、1人分は何まいになりますか。
・色紙が14まいあります。1人に2まいずつ
分けると、何人に分けられますか。
・リボンが14cmあります。2人で同じ長さず
つ分けると、1人分は何cmになりますか。
・リボンが14cmあります。1本2cmずつに
切り取ると、何本切り取れますか。
・子どもが14人います。1きゃくの長いすに
2人ずつすわると、長いすは何きゃくいります
か。

🪧 **てびき** ❷ 32÷8の答えは、□×8=32の
□にあてはまる数なので、8のだんの九九で見
つけます。
❹ 54÷9の答えは、9×□=54の□にあて
はまる数なので、9のだんの九九で見つけます。

きほんのワーク

きほん❶ 6、0、1 　　　　　　 答え6、0、1
❶ ❶ 式 6÷6=1 　　　　　 答え1こ
　 ❷ 式 0÷6=0 　　　　　 答え0こ
❷ ❶ 7 　　 ❷ 6 　　 ❸ 1
　 ❹ 0 　　 ❺ 0 　　 ❻ 0
きほん❷ 2、4、4、40 　　　　　　 答え40

③ ❶ 30　　　❷ 10　　　❸ 10

きほん3 4、40、2、42　　　　　　　　答え42

④ ❶ 24　　　❷ 22　　　❸ 13
　　❹ 33　　　❺ 11　　　❻ 22

てびき　**②**❸ わられる数とわる数が同じ数のわ
り算の答えは 1 になります。
❹❺❻ 0 を 0 でない数でわると、答えは 0 に
なります。
③ 10 のまとまりで考えます。
❶ 60÷2 は 10 のまとまりが 6÷2=3 で
10 が 3 こだから、60÷2=30
④ わられる数を 10 のまとまりとばらに分けて
考えます。
❶ 40÷2=20　8÷2=4　20+4=24
❷ 60÷3=20　6÷3=2　20+2=22
❸ 20÷2=10　6÷2=3　10+3=13

12ページ 練習のワーク

❶ 式 35÷7=5　　　　　　　　答え5こ
❷ 式 40÷5=8　　　　　　　　答え8人
❸ ❶ 0　　❷ 5　　❸ 1　　❹ 3
　　❺ 1　　❻ 0
❹ ❶ 10　　　❷ 10　　　❸ 20
❺ ❶ 14　　❷ 12　　❸ 11　　❹ 31
　　❺ 11　　❻ 44

てびき　**❹** 何十のわり算は 10 のまとまりで考
えます。
❺ わられる数が 2 けたのわり算は、十の位と一
の位に分けて考えます。

たしかめよう!

❸ 0 を 0 でない数でわると、答えは 0 になります。
どんな数を 1 でわっても、答えはわられる数と同
じになります。
わられる数とわる数が同じ数のわり算の答えは、1
になります。

13ページ まとめのテスト

1 ❶ 9　　　❷ 4　　　❸ 4
　　❹ 8　　　❺ 9　　　❻ 7
　　❼ 0　　　❽ 9　　　❾ 1
　　❿ 12　　⓫ 21　　⓬ 32
2 式 72÷8=9　　　　　　　答え9ページ
3 式 54÷6=9　　　　　　　答え9たば
4 式 86÷2=43　　　　　　　答え43箱

てびき　**1** わられる数を 10 のまとまりとばら
に分けて考えます。
❿ 20÷2=10　4÷2=2　10+2=12
⓫ 60÷3=20　3÷3=1　20+1=21
⓬ 90÷3=30　6÷3=2　30+2=32
2 □×8=72 の□にあてはまる数をもとめま
す。
3 6×□=54 の□にあてはまる数をもとめま
す。

---

③ 時こくや時間のもとめ方を考えよう

14・15ページ きほんのワーク

きほん1 答え8、20
❶ 午後 2 時 10 分
❷ 午前 11 時 30 分
きほん2 答え1、10
❸ 2 時間 30 分
きほん3 答え15、3、50
❹ 20 分間
❺ 50 分間
❻ 午後 5 時 50 分
きほん4 10　　　　　　　　　　答え1、10
❼ 90 秒…1 分 30 秒
　　3 分…180 秒

てびき　**❸** 図に表すと下のようになります。

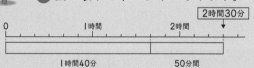

❼ 1 分=60 秒です。
90 秒は 60 秒と 30 秒なので、1 分 30 秒です。
3 分は 1 分の 3 つ分なので、
60 秒+60 秒+60 秒=180 秒です。

16ページ 練習のワーク

❶ ❶ 午前 11 時 10 分　　❷ 1 時間 5 分
　　❸ 2 時間 10 分
❷ 1 時間 50 分
❸ ❶ 90
　　❷ 80
　　❸ 2
　　❹ 2、30
❹ ❶ 分
　　❷ 秒
　　❸ 時間

てびき ❷ 1時間50分に10分間をたすと、ちょうど2時間になります。全体の3時間40分から2時間をひいた、1時間40分間と、さいしょにたした10分間をあわせた1時間50分が、図書館を出てから家に帰るまでにかかった時間です。

17ページ まとめのテスト

1 ❶ 1、50　　❷ 240

2 ❶ 午前7時50分　　❷ 午後9時30分
❸ 午前10時30分　　❹ 1時間10分(70分間)
❺ 30分間　　❻ 40分間

3 2時間20分

4 ❶ 時間　　❷ 秒　　❸ 分

てびき **2** 図に表すと下のようになります。
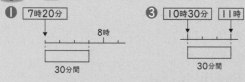
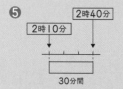
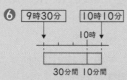

3 図に表すと下のようになります。
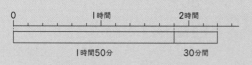

④ 筆算のしかたを考えよう

18・19ページ きほんのワーク

ふくしゅう ❶ 121　　❷ 276

きほん1 7➡1、3➡6
式 352+285=637　　答え637

❶ 式 415+308=723　答え723円　　[415+308=723]

❷ ❶ 589　　❷ 790
❸ 856　　❹ 767

きほん2 1、3➡2➡7　　答え723

❸ ❶ 812　　❷ 831　　❸ 432
❹ 445　　❺ 801　　❻ 502

きほん3 1、2➡7➡1、2　　答え1272

❹ ❶ 1276　　❷ 1383　　❸ 1425
❹ 1364　　❺ 1351　　❻ 1003
❼ 1000　　❽ 1002

20・21ページ きほんのワーク

ふくしゅう ❶ 78　　❷ 69

きほん1 4、4➡1➡2
式 452-238=214　　答え214

❶ 式 317-135=182　答え182人　　[317-135=182]

❷ ❶ 372　　❷ 416
❸ 224　　❹ 154

きほん2 1、7➡2、6➡1
式 325-158=167　　答え167

❸ 式 416-178=238　答え238人　　[416-178=238]

❹ ❶ 245　　❷ 174
❸ 477　　❹ 79

きほん3 2、9、8➡1、1　　答え118

❺ ❶ 257　　❷ 218　　❸ 538
❹ 293

22・23ページ きほんのワーク

きほん1 5➡1、5➡1、3➡7
3➡6➡4➡1　　答え7355、1463

❶ ❶ 1798　　❷ 9310　　❸ 1890
❹ 458

きほん2 616、679、100、679　　答え679

❷ ❶ 417　　❷ 628

きほん3 300、629　　答え629

❸ ❶ 709　　❷ 749

きほん4 30、14、14、94、4、94、
8、8、38、38　　答え94、38

❹ ❶ 86　　❷ 73　　❸ 149
❹ 122　　❺ 64　　❻ 85

てびき 3つの数のたし算では、じゅんにたしても、まとめてたしても答えは同じになります。

❷ ❶ 29+71=100　317+100=417
❷ 54+146=200　428+200=628

❸ ❶ 354+246=600　600+109=709
❷ 538+62=600　600+149=749

❹ ❶ 30+50=80　4+2=6
80+6=86
❷ 20+40=60　7+6=13
60+13=73
❸ 60+80=140　4+5=9
140+9=149
❹ 50+60=110　9+3=12
110+12=122
❺ 89-20=69　69-5=64
❻ 154-60=94　94-9=85
または、154-70=84　84+1=85

24ページ 練習のワーク❶

❶ ① 889 ② 903 ③ 607
④ 196

❷ ① 5383 ② 9511 ③ 3738
④ 6454

❸ 式 346+157=503　　　答え 503まい

❹ 式 7248−3657=3591　　答え 3591こ

❺ ① 528 ② 577

❻ ① 40 ② 81 ③ 70
④ 49

> てびき ❶❷ たし算やひき算の筆算は、位をそろえて、一の位からじゅんに、くり上がりやくり下がりに気をつけて、計算します。
> ❺ たすとちょうど100や何百になる2つの数があります。
> ① 59+41=100　428+100=528
> ② 319+181=500　500+77=577

25ページ 練習のワーク❷

❶ ① 792 ② 862 ③ 115
④ 314 ⑤ 9000 ⑥ 9302
⑦ 2122 ⑧ 4835

❷ 式 980−216=764　　　答え 764円

❸ 式 5012−2208=2804　　答え 2804頭

❹ 式 86+153+247=486　　答え 486円

❺ ① 60 ② 102 ③ 42 ④ 87

> てびき ❷ のこっているお金をもとめるので、ひき算をします。
> ❸ めすの牛の数をもとめるので、ひき算をします。
> ❹ 153+247=400　86+400=486

26ページ まとめのテスト❶

❶ ① 883 ② 484 ③ 7063
④ 3889

❷ ① 1303 ② 693 ③ 7390
④ 379

❸ ① 81 ② 129 ③ 142
④ 62 ⑤ 75

❹ 式 705+188=893　　　答え 893円

❺ 式 2352−1755=597　　答え 597まい

> てびき ❷④ 3つの数のたし算では、じゅんにたしても、まとめてたしても、答えは同じになります。

86+114=200　179+200=379

❸ ①
57 → 50 7　　24 → 20 4
50+20=70
7+4=11
70+11=81
または、57+20=77　77+4=81
② 80+40=120　4+5=9
120+9=129
③ 60+70=130　4+8=12
130+12=142
④ 71−10=61　61+1=62
⑤ 142−60=82　82−7=75

❹ 代金の合計をもとめるので、たし算をします。

❺ ちがいをもとめるので、ひき算をします。

27ページ まとめのテスト❷

❶ ① 600 ② 287 ③ 6031
④ 1785

❷ ① 1000 ② 335 ③ 1867
④ 486

❸ ① 79 ② 77 ③ 74
④ 17 ⑤ 85

❹ 式 45+38=83　　　答え 83円

❺ 式 128−72=56　　答え 56ページ

> てびき ❷④ 86と123を入れかえます。
> 277+123+86=400+86=486
> ❸① 43を40と3に、36を30と6に分けて考えます。
> 43 → 40 3　　36 → 30 6
> 40+30=70
> 3+6=9
> 70+9=79
> または、43+30=73　73+6=79
> ② 68+10=78　78−1=77
> ③ 23を20と3に分けます。
> 97−20=77　77−3=74
> ④ 45を40と5に分けます。
> 62−40=22　22−5=17
> ⑤ 168−80=88　88−3=85
> ❹ 40+30=70　5+8=13
> 70+13=83
> ❺ 128−70=58　58−2=56

⑤ 調べたことをグラフや表に整理しよう

28・29ページ きほんのワーク

きほん1 正、その他

5

答え　　ペット調べ

ペット	数(ひき)
犬	9
金魚	6
小鳥	4
ねこ	7
その他	5
合計	31

❶

いちご	正
メロン	下
りんご	丁
ぶどう	一
さくらんぼ	下
バナナ	一

すきなくだもの調べ

くだもの	人数(人)
いちご	5
メロン	3
りんご	2
さくらんぼ	3
その他	2
合計	15

きほん2 ノート、10、110　　　　答え ノート、110

❷ ❶ 1人　　❷ 7人　　❸ 水曜日
❸ ❶ 100円、800円　　❷ 2m、14m

てびき ❸❶ 1めもりの大きさが100円だから、その8つ分で800円になります。
❷ 1めもりの大きさが2mだから、その7つ分で、2×7=14で14mになります。

30・31ページ きほんのワーク

きほん1 答え(さつ)

読んだ本の数

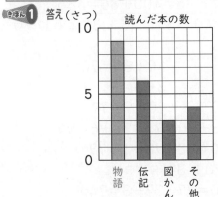

❶

3年生の町べつの人数

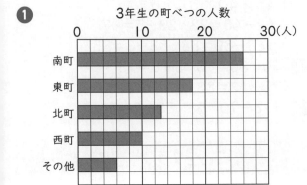

きほん2 答え　　けが調べ（3年生）　　（人）

しゅるい＼組	1組	2組	3組	合計
すりきず	6	5	8	19
打ぼく	4	2	5	11
切りきず	8	7	6	21
つき指	5	6	3	14
その他	3	2	3	8
合計	26	22	25	73

❷ ❶ けっせき者の数（5月から7月まで）（人）

組＼月	5月	6月	7月	合計
1組	7	11	9	27
2組	13	12	7	32
3組	9	8	12	29
合計	29	31	28	㋐88

❷ 1組
❸ 1組と2組と3組の5月から7月までのけっせき者数の合計。

てびき ❶ 1めもりを1人にするとかききれないので、1めもりを2人にします。だから、北町の13人は、12人と14人のめもりのまん中になるようにします。町べつの人数をくらべているから、人数がいちばん多い南町から、東町、北町、西町とならべます。その他は数に関係なく最後にかきます。
❷❷ 5月から7月までのけっせき者は、
1組…7+11+9=27で27人
2組…13+12+7=32で32人
3組…9+8+12=29で29人
いちばん少ないのは27人の1組です。

32ページ 練習のワーク

❶ ❶ 1けん　　❷
❸ 4人家族
❹ 2人家族
❺ 6けん
❷ ❶ ⓘ
❷ ⓐ

家族の人数調べ（1組）　（けん）

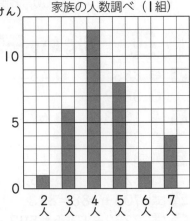

てびき ❶ 横のじくに家族の人数のしゅるい、たてのじくは1めもりの大きさが1けんで、家族の人数ごとに家のけん数を表しているぼう

グラフになります。
❶ いちばん多い１２けんがはいるように、１めもりの大きさは１けんにします。
❷ 表では、家族の人数ごとに家のけん数を調べてくらべているので、人数が２人、３人、４人、５人、６人、７人とじゅんにならぶようにぼうグラフも同じじゅんでかいたほうがわかりやすくなります。
❸～❺ ぼうグラフを正しくよみとりましょう。
2 あ、いの２つのうち、もくてきにあったぼうグラフをえらびます。
❶ ５月と６月をあわせたさっ数がわかりやすいのは、５月と６月のぼうをつみ重ねたいのグラフです。
❷ ５月と６月で、しゅるいごとのさっ数のちがいをくらべやすいのは、５月と６月のぼうを横にならべたあのグラフです。

33ページ まとめのテスト

1 ❶ 日曜日　❷ ２５分間　❸ 火曜日

2 ㋐ １７
　　㋑ １７
　　㋒ ２２
　　㋓ ４
　　㋔ ５
　　㋕ ３３
　　㋖ ３２
　　㋗ ６５

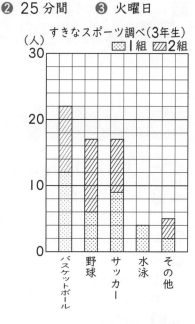

すきなスポーツ調べ（３年生）
（人）
30
20
10
0
１組 ２組
バスケットボール
野球
サッカー
水泳
その他

てびき **1** ❷ １めもりは５分間を表しています。金曜日のぼうの長さは、その５つ分なので２５分間です。
❸ 日曜日から土曜日まで本を読んだ時間は、
日曜日…６０分間　　　月曜日…３０分間
火曜日…４０分間　　　水曜日…３５分間
木曜日…２０分間　　　金曜日…２５分間
土曜日…５０分間　です。
木曜日の２０分間の２倍になっているのは、火曜日の４０分間です。

2 ㋐から㋔は、表の数を横にたします。
　㋐ ６＋１１＝１７
　㋕、㋖は、表の数をたてにたします。
　㋕ ６＋９＋１２＋４＋２＝３３
　㋗は、㋐から㋔の合計で、㋕と㋖の合計と同じになります。
　㋗は、１７＋１７＋２２＋４＋５＝６５
　　　　３３＋３２＝６５

⑥ あまりのあるわり算のしかたを考えよう

34・35ページ きほんのワーク

きほん① ３、４、１２、１２、１、１、１５、１３、２、２
４、１３÷３＝４あまり１　　　　　答え４、１
❶ ❶ わりきれる　　　　❷ わりきれない
❸ わりきれない　　　❹ わりきれる
❺ わりきれない　　　❻ わりきれる
きほん② ６、１　　　　　　　　　　　答え６、１
❷ ❶ ９あまり１
❷ ○
❸ ５あまり８
❹ ５あまり１
❸ 式 ５３÷７＝７あまり４
　　　　　　　　　　答え７こ、４こあまる。
きほん③ 答え１９
❹ ❶ ９×３＋１＝２８　　３あまり２
❷ ７×４＋４＝３２　　○
❺ ❶ ６あまり２　　たしかめ ３×６＋２＝２０
❷ ９あまり３　　たしかめ ７×９＋３＝６６
❸ ６あまり５　　たしかめ ８×６＋５＝５３

てびき ❷❶、❹ は、あまりがわる数より大きくなっています。
❹❶は、たしかめの計算をしたら、わられる数より１小さくなったので、あまりを１ふやします。

たしかめよう！
❶ あまりがあるときは、わりきれないといい、あまりがないときは、わりきれるといいます。
わられる数が、わる数のだんの九九にあれば、わりきれます。
❺ たしかめの式にあてはまっても、あまりがわる数より大きくなっていたらまちがいです。あまりがわる数より小さくなっているかどうかもたしかめておきましょう。

きほん1 32、5、6、2、1、7　　　　　　　　答え 7

① 式 29÷4＝7 あまり 1
　　7＋1＝8　　　　　　　　　　答え 8 ふくろ

② 式 58÷6＝9 あまり 4
　　9＋1＝10　　　　　　　　　　答え 10 きゃく

③ 式 75÷8＝9 あまり 3
　　9＋1＝10　　　　　　　　　　答え 10 回

④ 式 50÷9＝5 あまり 5
　　5＋1＝6　　　　　　　　　　答え 6 箱

きほん2 26、8、3、2、3、2　　　　　　答え 3

⑤ 式 17÷4＝4 あまり 1　　　　答え 4 まい

⑥ 式 35÷4＝8 あまり 3　　　　答え 8 さつ

⑦ 式 54÷8＝6 あまり 6　　　　答え 6 たば

⑧ 式 71÷9＝7 あまり 8　　　　答え 7 本

てびき
① ふくろが 7 ふくろだと、あまりの 1 このクッキーが入れられないので、ふくろはもう 1 ふくろひつようです。

② いすが 9 きゃくだとあまりの 4 人がすわれないので、いすがもう 1 きゃくひつようです。

③ 9 回だと荷物が 3 このこります。
これを運ぶにはあと 1 回運ぶひつようがあります。

④ 箱が 5 箱だと、ボールは 5 こあまります。
この 5 このボールを入れるのにもう 1 箱ひつようです。

⑥ あまりが 3 というのは、あいているはばが 3cm あるということです。
このはばに、あつさ 4cm の本は立てられません。

① ① ○
　② 7 あまり 2

② 式 49÷5＝9 あまり 4
　　　　　　　　答え 9 こ、4 こあまる。

③ 式 62÷8＝7 あまり 6
　　7＋1＝8　　　　　　　　答え 8 まい

④ 式 38÷6＝6 あまり 2　　　　答え 6 箱

⑤ 6、3　　　　　　　　答え 6 あまり 3

てびき ④ あまりの 2 こは考えなくてよいので、答えは 6 箱になります。

1
① 5 あまり 7
② 1 あまり 4
③ 9 あまり 7
④ 8 あまり 1
⑤ 5 あまり 5
⑥ 9 あまり 1
⑦ 9 あまり 7
⑧ 1 あまり 8
⑨ 7 あまり 1
⑩ 7 あまり 4
⑪ 9 あまり 6
⑫ 8 あまり 3

2
① 4 あまり 2　　　たしかめ 7×4＋2＝30
② 8 あまり 6　　　たしかめ 9×8＋6＝78

3 式 35÷4＝8 あまり 3
　　　　　　　答え 8 人、3 こあまる。

4 式 58÷7＝8 あまり 2
　　8＋1＝9　　　　　　　　答え 9 日

5 式 70÷8＝8 あまり 6　　　　答え 8 本

てびき 4 のこった 2 題をとくのに、もう 1 日ひつようです。

⑦ 10000 より大きい数を表そう

きほん1 答え 1、4、6、3、8、2、
千四百六十三万八千二十

① ① 七万九千二十五　　② 32540

② ① 9、3、8、1、4　　② 27050000
　③ 49000　　　　　　④ 27
　⑤ 17

きほん2 10000
答え 20000、150000、280000、430000

③ ① 1000
　② ア 8000
　　イ 25000
　　ウ 42000
　③

0　　10000　20000　30000　40000　50000
├─┼─┼─┼─┼─┼─┼─┼─┼─┼─┤
　　↑　　　　　↑　　　　↑
　　ア　　　イ（32000）　ウ

きほん3 1、99999997、一億、100000000
　　　　　答え 99999997、100000000

④ 100000000（1 億）

てびき ❶ 大きな数をよんだり、漢字になおしたりするときは、一の位から 4 けたごとに区切るとわかりやすくなります。

❷ ③ 49＝40＋9

1000 を 40 こ集めた数は	40000
1000 を 9 こ集めた数は	9000
あわせると	49000

④ 27000 ÷ 1000 →27000 は 1000 を 27 こ集めた数になります。

42・43 ページ きほんのワーク

きほん1 32、32 万、3、300 万

　　　　　　　　　　　　　　　答え 32 万、300 万

❶ ❶ 52 万　　❷ 17 万　　❸ 390 万
❹ 3000 万

きほん2 答え ＞

❷ ❶ ＞　　❷ ＜　　❸ ＝　　❹ ＜

きほん3 300、50、350、3500、35000

　　　　　　　　　　答え 350、3500、35000

❸ ❶ 400、4000、40000
　 ❷ 580、5800、58000

きほん4 24　　　　　　　　　　　　答え 24

❹ ❶ 5　　❷ 70　　❸ 310

たしかめよう!

❸ 数を 10 倍すると、位が 1 つ上がり、もとの数の右に 0 を 1 つつけた数になります。数を 100 倍すると、位が 2 つ上がり、もとの数の右に 0 を 2 つつけた数になります。数を 1000 倍すると、位が 3 つ上がり、もとの数の右に 0 を 3 つつけた数になります。

❹ 一の位が 0 の数を 10 でわると、位が 1 つ下がり、一の位の 0 をとった数になります。

44 ページ 練習のワーク

❶ ❶ 607180　　❷ 39051026
❷ ❶ 9、8　　❷ 100000000
❸ ❶ ア 265000　　イ 272000
　　ウ 292000
　 ❷ 260000　270000　280000　290000

　　　ア　イ　　　　　　ウ
　　　(274000)　(289000)

❹ ❶ ＞　　❷ ＜　　❸ ＝　　❹ ＜
❺ 10 倍した数…6700
　 100 倍した数…67000

1000 倍した数…670000
10 でわった数…67

てびき ❹② 一万の位の数の大きさをくらべます。

④ 800 万－600 万は、100 万が 8－6＝2 で 200 万です。

45 ページ まとめのテスト

❶ 2006000
❷ ㋐ 480000　　㋑ 500000
　 ㋒ 7500 万　　㋓ 9000 万
　 ㋔ 1 億
❸ ❶ ＞　　　　❷ ＝
❹ ❶ 550 万　　❷ 600 万
❺ ❶ 70000　　❷ 970
❻ ❶ 12345670　　❷ 88530865
　 ❸ 10987654

てびき ❶

10 万を 20 こ集めた数は	2000000
100 を 60 こ集めた数は	6000
あわせて	2006000

❷ 上の数直線の 1 めもりは 10000 で、下の数直線の 1 めもりは 500 万です。
9500 万より 500 万大きい数は、1 億です。

❸ ❷ けた数に気をつけましょう。

❹ ❷ 3100 万は、100 万が 31 こ、2500 万は 100 万が 25 こ。3100 万－2500 万は 100 万が 31－25＝6(こ)
100 万が 6 こだから、600 万です。

❺ ❷ 970000 ÷ 1000 →970000 は 1000 を 970 こ集めた数になります。

❻ 10 この数字は、それぞれ 1 回だけしか使えないことに気をつけます。
❷ いちばん大きい数は 98765432 で、いちばん小さい数は 10234567 です。

8 長い長さを表そう

46・47 ページ きほんのワーク

きほん1 ㋑、㋓、㋒　　　　答え ㋐、㋑、㋒、㋓
❶ まきじゃく…㋐、㋓、㋔
　 ものさし…㋑、㋒
❷ ア 4m85cm　　イ 7m10cm
　 ウ 7m22cm　　エ 9m79cm
　 オ 9m96cm

きほん2 Ⅰ、400　　　　　　　答えⅠ、400
❸ ❶ 6　　　　　　　　❷ 5、200
　❸ 7800　　　　　　❹ 3040
きほん3 Ⅰ、100　　　　　　　答えⅠ、100
❹ ❶ 道のり…Ⅰkm400m
　　きょり…Ⅰkm100m
　❷ 300m

てびき ❶ ㋐のように長いものや、㋓のように
まるいもののまわりをはかるときは、まきじゃ
くを使うとべんりです。
❷ Ⅰm＝100cmだから、ⅠめもりはⅠcmを
表しています。
❹ 道にそってはかった長さが「道のり」で、まっ
すぐにはかった長さが「きょり」です。
❶ たかしさんの家から学校までの道のりは、
800m＋600m＝1400m
1400m＝Ⅰkm400mとなります。
たかしさんの家から学校までのきょりは、
1100m＝Ⅰkm100mとなります。
❷ 1400m－1100m＝300m
または、kmとmの単位で表して、
Ⅰkm400m－Ⅰkm100m＝300m

---

48 ページ　練習のワーク
❶ ❶ km　❷ mm　❸ cm　❹ m
❷ ❶ 8　　　　　　　❷ 2、500
　❸ 6、520　　　　　❹ 3、840
　❺ 4000　　　　　❻ 10000
　❼ 2300　　　　　❽ 5030
　❾ 6500　　　　　❿ 9006
❸ ❶ Ⅰkm250m　　　❷ 500m

てびき ❸❷ 学校の前を通って行く道のりは、
1100m＋950m＝2050m（＝2km50m）
または、kmとmの単位で表して、
Ⅰkm100m＋950m＝Ⅰkm1050m
＝2km50m（＝2050m）
ゆうびん局の前を通って行く道のりは、
750m＋800m＝1550m（＝Ⅰkm550m）
道のりのちがいは、
2050m－1550m＝500m
または、kmとmの単位で表して、
2km50m－Ⅰkm550m
＝Ⅰkm1050m－Ⅰkm550m＝500m
とすることもできます。

---

49 ページ　まとめのテスト
❶ ❶ 9　　　　　　　❷ 2、800
　❸ 4、350　　　　　❹ 6000
　❺ 5110　　　　　❻ 7023
❷ ア 4m97cm　　　イ 5m20cm
　ウ 5m42cm　　　エ 5m59cm
❸ ❶ Ⅰkm50m　　　❷ Ⅰkm50m
　❸ 175m

てびき ❷ Ⅰm＝100cmだから、Ⅰめもりは
Ⅰcmを表しています。
❸ ❶ きょりは、まっすぐにはかった長さです。
❷ 600m＋450m＝1050m＝Ⅰkm50m
❸ やすよさんの家から公園までの道のりは、
600m＋425m＝1025m
1025m－850m＝175m

---

⑨ まるい形を調べよう

50・51 ページ　きほんのワーク
きほん1 2、8、アウ　　　　　答え8、アウ
❶ ❶ 14　　　　　　　❷ 8
きほん2 答え

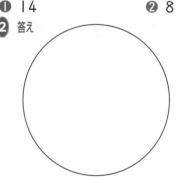

❷ しょうりゃく
きほん3 答え

|←2cm→|

❸ ❶

❷

きほん4 球　　　　　　　　　　　　　　答え ⓘ
④ ❶ 円　　　　　❷ 6　　　　　❸ 10

てびき ❷❸ 半径が 6cm の円になります。
❸ コンパスは、円をかくだけでなく、長さをう
つすときにも使えます。
❹ 円と同じように、球の直径の長さも、半径の
長さの 2 倍です。

52ページ 練習のワーク

❶ ❶ 5　　　　　❷ 円　　　　　❸ 12
❷ ❶ 半径…4cm　直径…8cm
　 ❷ 半径…2cm　直径…4cm
❸ 6cm
❹ 24cm

てびき ❸ 大きい円の直径は 18cm になり、こ
れが、小さい円の直径の長さの 3 つ分になり
ます。
❹ ボールは球の形をしています。だから、つつ
の高さは球の直径の長さの 3 つ分あればよい
です。

たしかめよう!

円の中心から円のまわりまでひいた直線を半径、円
の中心を通って円のまわりからまわりまでひいた直
線を直径といいます。

53ページ まとめのテスト

1 6 こ
2 ❶ 10cm　　　　　❷ 2cm
3 ❶ 5cm　　　　　❷ 15cm
4

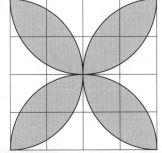

てびき 1 円の
直径は 6cm に
なるので、横に
18÷6＝3(こ)、
たてに 12÷6＝
2(こ)かけます。

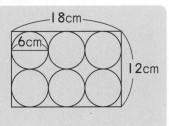

2 ❶ 直線アイの長さは、直径 4cm の円の半
径 5 つ分なので、2×5＝10(cm)になりま
す。
❷ ウエの長さは、直径 4cm の円の半径の長
さになります。
3 ❶ 10÷2＝5(cm)
❷ ⑦の長さはボールの直径 3 つ分の長さなの
で、5×3＝15(cm)になります。
4 4 つの・の点から、
それぞれ半径 2cm の
円の半分を、コンパス
でかきます。

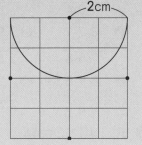

⑩ かけ算のしかたをくふうしよう

54・55ページ きほんのワーク

きほん1 30、5、15、15、400、4、3、12、12
　　　　　　　　　　　　　　答え 150、1200
❶ ❶ 480　　　　❷ 630　　　　❸ 2800
　 ❹ 4800

きほん2 24、2　8 ➡ 4　　　　　　　答え 48
❷ ❶ 23×2＝46　❷ 13×3＝39　❸ 32×2＝64　❹ 11×6＝66
　 ❺ 20×4＝80

きほん3 4 ➡ 3、4　　　　　　　　　　答え 344
❸ ❶ 26×3＝78　❷ 45×2＝90　❸ 82×4＝328　❹ 42×9＝378
　 ❺ 64×5＝320

きほん4 59、7　3 ➡ 4、1　　　　　　答え 413
❹ ❶ 47×7＝329　❷ 79×4＝316　❸ 35×9＝315　❹ 27×4＝108
　 ❺ 19×8＝152

❺ 式 48×7＝336　　　　　　　　答え 336 こ

56・57ページ きほんのワーク

きほん1 213　9 ➡ 3 ➡ 6　　　　　　答え 639

11

❶
❶
$$\begin{array}{r} 131 \\ \times\quad 3 \\ \hline 393 \end{array}$$
❷
$$\begin{array}{r} 221 \\ \times\quad 4 \\ \hline 884 \end{array}$$
❸
$$\begin{array}{r} 233 \\ \times\quad 3 \\ \hline 699 \end{array}$$

❹
$$\begin{array}{r} 314 \\ \times\quad 2 \\ \hline 628 \end{array}$$

❷ 式 212×3=636　　　　　　　答え 636 円

📣 5 ➡ 9 ➡ 7　　　　　　　　答え 795

❸
❶
$$\begin{array}{r} 352 \\ \times\quad 2 \\ \hline 704 \end{array}$$
❷
$$\begin{array}{r} 215 \\ \times\quad 4 \\ \hline 860 \end{array}$$
❸
$$\begin{array}{r} 623 \\ \times\quad 2 \\ \hline 1246 \end{array}$$

❹
$$\begin{array}{r} 379 \\ \times\quad 2 \\ \hline 758 \end{array}$$
❺
$$\begin{array}{r} 921 \\ \times\quad 6 \\ \hline 5526 \end{array}$$
❻
$$\begin{array}{r} 173 \\ \times\quad 5 \\ \hline 865 \end{array}$$

❼
$$\begin{array}{r} 695 \\ \times\quad 3 \\ \hline 2085 \end{array}$$
❽
$$\begin{array}{r} 756 \\ \times\quad 8 \\ \hline 6048 \end{array}$$

❹ 式 148×3=444　　　　　　　答え 444 円

❺ 式 365×7=2555　　　　　　　答え 2555 こ

📣3 3、120、9、9、129　　　　答え 129

❻ ❶ 108　　　　❷ 72

🪧てびき **❻**❶ 54 を 50 と 4 に分けます。
50×2=100　　4×2=8
あわせて、100+8=108
❷ 24 を 20 と 4 に分けます。
20×3=60　　4×3=12
あわせて、60+12=72

58 ページ 練習のワーク

❶ ❶ 120　　❷ 560　　❸ 2400
❷ ❶
$$\begin{array}{r} 73 \\ \times\quad 6 \\ \hline 438 \end{array}$$
❷
$$\begin{array}{r} 402 \\ \times\quad 3 \\ \hline 1206 \end{array}$$

❸ ❶ 108　　❷ 368　　❸ 360
❹ 865　　❺ 4130　　❻ 2310

❹ 式 28×9=252　　　　　　答え 252 まい

❺ 式 620×5=3100　　　　　　答え 3100 円

🪧てびき **❷**❶ 「六七 42」の 42 は位をずらして
かくのではなく、42 にくり上げた I をたした
43 の 4 を百の位に、3 を十の位にかきます。
❷ 十の位に 0 があるときは、かけた 0 をかき
わすれないよう注意します。
❸❶
$$\begin{array}{r} 36 \\ \times\quad 3 \\ \hline 108 \end{array}$$
❷
$$\begin{array}{r} 92 \\ \times\quad 4 \\ \hline 368 \end{array}$$
❸
$$\begin{array}{r} 45 \\ \times\quad 8 \\ \hline 360 \end{array}$$

❹
$$\begin{array}{r} 173 \\ \times\quad 5 \\ \hline 865 \end{array}$$
❺
$$\begin{array}{r} 590 \\ \times\quad 7 \\ \hline 4130 \end{array}$$
❻
$$\begin{array}{r} 385 \\ \times\quad 6 \\ \hline 2310 \end{array}$$

59 ページ まとめのテスト

1 ❶ 210　　❷ 3200　　❸ 96
❹ 186　　❺ 98　　❻ 528
❼ 230　　❽ 207　　❾ 486
❿ 3928　　⓫ 2781　　⓬ 5080
⓭ 2520　　⓮ 3300

2 式 16×9=144　　　　　答え 144 ページ
3 式 217×4=868　　　　　答え 868 m
4 式 420×5=2100　　　　答え 2100 円

🪧てびき **1** 筆算は次のようになります。
❶
$$\begin{array}{r} 70 \\ \times\quad 3 \\ \hline 210 \end{array}$$
❷
$$\begin{array}{r} 400 \\ \times\quad 8 \\ \hline 3200 \end{array}$$
❸
$$\begin{array}{r} 32 \\ \times\quad 3 \\ \hline 96 \end{array}$$

❹
$$\begin{array}{r} 93 \\ \times\quad 2 \\ \hline 186 \end{array}$$
❺
$$\begin{array}{r} 14 \\ \times\quad 7 \\ \hline 98 \end{array}$$
❻
$$\begin{array}{r} 88 \\ \times\quad 6 \\ \hline 528 \end{array}$$

❼
$$\begin{array}{r} 46 \\ \times\quad 5 \\ \hline 230 \end{array}$$
❽
$$\begin{array}{r} 69 \\ \times\quad 3 \\ \hline 207 \end{array}$$
❾
$$\begin{array}{r} 243 \\ \times\quad 2 \\ \hline 486 \end{array}$$

❿
$$\begin{array}{r} 982 \\ \times\quad 4 \\ \hline 3928 \end{array}$$
⓫
$$\begin{array}{r} 309 \\ \times\quad 9 \\ \hline 2781 \end{array}$$
⓬
$$\begin{array}{r} 635 \\ \times\quad 8 \\ \hline 5080 \end{array}$$

⓭
$$\begin{array}{r} 420 \\ \times\quad 6 \\ \hline 2520 \end{array}$$
⓮
$$\begin{array}{r} 825 \\ \times\quad 4 \\ \hline 3300 \end{array}$$

⑪ I より小さい数を表そう

60・61 ページ きほんのワーク

📣1 3、0.3、1.3　　　　　　答え 1.3
❶ ❶ 0.8 dL　　❷ 1.7 dL　　❸ 0.1 dL
❹ 1.9 dL
❷ 整数…15、7、0、2
小数…0.3、4.9、1.6、0.9
📣2 0.1、0.9、3.9　　　　　　答え 3.9
❸ ア 1.2 cm　　イ 4.1 cm　　ウ 8.4 cm
エ 13.7 cm
📣3 0.6　　　　答え 0.6、1.5、3.2、3.9
❹ ア 0.3　　イ 1.1　　ウ 2.4　　エ 2.9

🪧てびき **❷** 0、1、2、3、…のような数を整数
といい、0.3、1.6 のような数を小数といいます。
❸ I cm を 10 等分した長さは I mm で、cm
の単位で表すと 0.1 cm になります。
ア I cm と 2 mm なので、1.2 cm になります。
ウ 8 cm と 4 mm なので、8.4 cm になります。
❹ 0 から I のめもりを 10 等分しているので、
いちばん小さい I めもりは 0.1 を表しています。

ア 小さいめもり３こ分なので、0.3を表して
います。
イ １と、小さいめもり１こ分なので、1.1を
表しています。

📓 62・63ページ きほんのワーク

きほん1 6、3、9、0.9　　　　　　　　答え 0.9
❶ ❶ 0.9　　　❷ 1.2　　　❸ 1.7
　　❹ 2
きほん2 8、3、5、0.5　　　　　　　　答え 0.5
❷ ❶ 0.2　　　❷ 0.1　　　❸ 0.3
　　❹ 0.4
きほん3 4、2 ➡.
　　　　8、0　　　　　　　　　答え 4.2、8
❸ ❶ 4.8　　　❷ 5　　　❸ 8.3
　　❹ 12.6
きほん4 2、8 ➡.
　　　　3、6 ➡.　　　　　　答え 2.8、3.6
❹ ❶ 1.5　　　❷ 2.3　　　❸ 4
　　❹ 0.5　　　❺ 1.2　　　❻ 2.6

🪧 てびき
❶ 0.1 のいくつ分になるかを考えます。
❶ 0.5 は 0.1 の 5 こ分、0.4 は 0.1 の 4 こ分
だから、0.5＋0.4 は 0.1 の 9 こ分になります。
0.5＋0.4＝0.9
❷ 0.1 のいくつ分になるかを考えます。
❷ 1 は 0.1 の 10 こ分、0.9 は 0.1 の 9 こ
分だから、1－0.9 は 0.1 の 1 こ分です。
❸ 1.1 は 0.1 の 11 こ分、0.8 は 0.1 の 8 こ
分だから、1.1－0.8 は 0.1 の 3 こ分です。
❹ 2 は 0.1 の 20 こ分、1.6 は 0.1 の 16 こ
分だから、2－1.6 は 0.1 の 4 こ分です。
❸ ❶　0.3　❷　3.8　❸　7　❹　5.7
　　 ＋4.5　　＋1.2　　＋1.3　　＋6.9
　　　4.8　　 5、0　　 8.3　　 12.6

❹ ❺ 4 は 4.0 と考えて計算します。
　❶　4.7　❷　6.8　❸　9.2　❹　2.4
　 －3.2　　－4.5　　－5.2　　－1.9
　　 1.5　　 2.3　　 4、0　　 0.5

　❺　4　　❻　7.6
　 －2.8　　 －5
　　1.2　　 2.6

☝ たしかめよう!
❸ 筆算では位をそろえてかき、整数のたし算と同じ
ように計算して、上の小数点にそろえて、答えの小
数点をうちます。
❷ 答えの小数第一位が 0 になったときは、0 と小
数点を消します。

---

❹ 筆算では位をそろえてかき、整数のひき算と同じ
ように計算して、上の小数点にそろえて、答えの小
数点をうちます。
❹ 計算して、小数第一位に数はあるのに、一の位
の数がなくなったときは、一の位に 0 をかきます。

📓 64ページ 練習のワーク

❶ ❶ 1.4、14　　❷ 5.8　　❸ 27.3
❷ ❶ ＞　　　❷ ＞　　　❸ ＜
　　❹ ＞　　　❺ ＜　　　❻ ＜
❸ ❶ 0.7　　　❷ 0.3　　　❸ 7
　　❹ 27
❹ ❶ 6.4　　　❷ 8.5　　　❸ 7
　　❹ 0.4　　　❺ 5　　　❻ 7.2

🪧 てびき
❷ それぞれ 0.1 の何こ分なのか考え
て、大きさをくらべます。
❹ 筆算は位をそろえてかくことに注意します。
❷ 6 は 6.0 と考えて計算します。
❻ 8 は 8.0 と考えて計算します。
　❶　4.6　❷　2.5　❸　6.3　❹　1.3
　 ＋1.8　　＋6　　 ＋0.7　　－0.9
　　 6.4　　 8.5　　 7、0　　 0.4

　❺　9.6　❻　8
　 －4.6　　－0.8
　　5、0　　 7.2

📓 65ページ まとめのテスト

❶ ❶ 5.2　　　❷ 3.8　　　❸ 7.4
　　❹ 3.5　　　❺ 8
❷ ❶ 2.9　　　❷ 8.2　　　❸ 7.1
　　❹ 5.8　　　❺ 5　　　❻ 7.2
　　❼ 1.3　　　❽ 6.2　　　❾ 2
❸ 式 7.3＋4.9＝12.2　　　　答え 12.2cm
❹ 式 3.4－1.8＝1.6
　　　　　　答え やかんが 1.6L 多くはいる。
❺ 式 1.6－0.9＝0.7　　　　答え 0.7km

🪧 てびき
❶ ❷ 4 は 0.1 の 40 こ分、0.2 は 0.1
の 2 こ分なので、40－2＝38 より、0.1 の
38 こ分になります。
❸ 1 が 7 こで 7、0.1 が 4 こで 0.4 だから、
あわせて 7.4 です。
❹ 0.1 が 30 こで 3、0.1 が 5 こで 0.5 だか
ら、あわせて 3.5 です。
❷ ❹ 2 は 2.0 と考えて計算します。
❺❾ 答えの小数第一位が 0 になったときは、
0 と小数点を消します。

❶ 0.3 +2.6 2.9	❷ 4.7 +3.5 8.2	❸ 5.2 +1.9 7.1	❹ 2 +3.8 5.8
❺ 4.1 +0.9 5.0	❻ 7.6 −0.4 7.2	❼ 6.2 −4.9 1.3	❽ 9 −2.8 6.2
❾ 4.5 −2.5 2.0			

3 あわせた長さだから、たし算でもとめます。

4 かさのちがいは、ひき算でもとめます。

⑫ ものの重さをはかろう

66・67ページ きほんのワーク

きほん❶ 2、3、みかん、1　　　　　　　答え みかん
❶ ❶ 2　　　　❷ 3　　　　❸ 筆箱、1
❷ 175g
❸ 30g
きほん❷ 590　　　　　　　　　　　　　答え 590
❹ ❶ 890g　　　❷ 260g
きほん❸ 20、2、1、100　　　　　　　答え 1、100
❺ ❶ 900g　　❷ 2kg800g（2800g、2.8kg）

てびき ❶重さは、単位にした重さが何こあるかで表します。ここでは、つみ木1この重さを単位にした重さを考えます。
❸ノートと筆箱は、つみ木1こ分の重さのちがいがあります。
❷1円玉1この重さは1gなので、1円玉175この重さは175gです。
❸きほん❶の表から、たまごは1円玉60こ分、みかんは1円玉90こ分の重さとわかるので、重さのちがいは1円玉30こ分です。
❹はかりのめもりの大きさに注意して、めもりをよみましょう。数字がかいていないめもりで長いほうの1めもりは、100gを10等分しているので、10gです。
❶800gと数字がかいていないめもり18こ分の重さです。
❷200gと数字がかいていないめもり12こ分の重さです。
❺❶いちばん小さい1めもりは、200gを10等分しているので、20gです。
800gと小さいめもり5こ分の重さです。
❷数字がかいていないめもりで長いほうの1めもりは、100gです。2kgとこの小さいめもり8こ分の重さです。

たしかめよう!

はかりを使って、いろいろなものの重さをはかってみましょう。そのとき、小さい1めもりが表す重さや何kgまではかれるかをたしかめます。重すぎるものは、のせられません。

68・69ページ きほんのワーク

きほん❶ 600、300、900　　　　　　　　答え 900
❶ 式 950g−150g=800g　　　　　　　答え 800g
きほん❷ 5　　　　　　　　　　　　　　　　答え 5
❷ ❶ 2.1t　　　❷ 3.6t　　　❸ 8.9t
❸ 大…12t　　小…2t
きほん❸ 1000、1000、1000
　　　　　　　　　　　　　　　答え 1、1、1、1
❹ ❶ 200、2000　　❷ 3000
　❸ 10、1000　　　❹ 500
　❺ 4000　　　　　❻ 4、700
　❼ 5.3　　　　　　❽ 8
❺ 42000m
❻ 2.3t

てびき ❸1t=1000kgを使います。
大きなトラックの重さは1000kgの12こ分だから12tです。
小さなトラックの重さは1000kgの2こ分だから2tです。

70ページ 練習のワーク

❶ ❶ 筆箱　　　　　　❷ 国語の教科書とじしゃく
　❸ 60g
❷ 3800g、3kg80g、3kg、2800g
❸ 式 800g−300g=500g　　　　　　答え 500g
❹ ❶ kg　　　　　　　❷ t

てびき ❶❸つみ木1この重さは30gなので、セロハンテープは30gの2こ分で60gになります。
❷3kg=3000g　3kg80g=3080gとして、単位をそろえてくらべてみましょう。
❸入れものの重さは300gです。
入れものの重さとさとうの重さを合わせた全体の重さが800gです。

71ページ まとめのテスト

❶ ❶ 360g　　　❷ 1260g（1kg260g）
　❸ 800g（0.8kg）
　❹ 3kg600g（3600g、3.6kg）

14

2 ① 3000　　　② 3500
　 ③ 7　　　　④ 2、180
　 ⑤ 8、20　　⑥ 4060
　 ⑦ 4.3　　　⑧ 9
3 式 47kg−29kg=18kg　　　答え18kg
4 式 120g+500g=620g　　　答え620g
5 式 1kg−350g=650g

てびき　1① いちばん小さい1めもりは5gを表しています。
② いちばん小さい1めもりは20gを表しています。
③④ めもりの長さによって、小さいほうから20g、100g、500gを表しています。
5 1kg−350g=1000g−350g=650g

⑬ 分数の表し方を調べよう

72・73ページ きほんのワーク

きほん1 $\frac{1}{4}$、$\frac{3}{4}$　　　答え$\frac{1}{4}$、$\frac{3}{4}$
① ① 2つ分、$\frac{2}{3}$m　　② 3つ分、$\frac{3}{8}$m
②
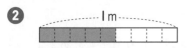
③ ① 3つ分、$\frac{3}{5}$L　　② 2つ分、$\frac{2}{6}$L
④
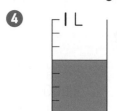
きほん2 $\frac{2}{4}$、$\frac{4}{4}$　　　答え$\frac{2}{4}$、$\frac{4}{4}$、$\frac{5}{4}$
⑤ ① >　　② <　　③ <　　④ <
きほん3 $\frac{4}{10}$、0.2　　答え$\frac{4}{10}$、$\frac{9}{10}$、0.2、0.6
⑥ ① <　　② =　　③ >

てびき　⑤④ 1は、$\frac{2}{2}$と同じ大きさです。$\frac{2}{2}<\frac{3}{2}$だから、$1<\frac{3}{2}$となります。
⑥ $\frac{1}{10}=0.1$です。分数か小数になおしてくらべます。
③ $\frac{11}{10}$を小数にすると1.1だから、$\frac{11}{10}>0.1$

74・75ページ きほんのワーク

きほん1 2、5、7、2、5、7　　　答え$\frac{7}{10}$
① 式 $\frac{3}{8}+\frac{4}{8}=\frac{7}{8}$　　　答え$\frac{7}{8}$m
② ① $\frac{3}{4}$　② $\frac{5}{6}$　③ $\frac{4}{7}$　④ 1
⑤ 1
きほん2 6、4、6、4、2　　　答え$\frac{2}{7}$
③ 式 $\frac{7}{9}-\frac{5}{9}=\frac{2}{9}$　　　答え$\frac{2}{9}$m
④ 式 $1-\frac{2}{3}=\frac{1}{3}$　　　答え$\frac{1}{3}$L
⑤ ① $\frac{3}{6}$　② $\frac{2}{5}$　③ $\frac{2}{8}$　④ $\frac{4}{5}$
⑤ $\frac{1}{4}$　⑥ $\frac{5}{7}$　⑦ $\frac{1}{2}$

76ページ 練習のワーク

① ① $\frac{7}{10}$m　② $\frac{2}{4}$L　③ $\frac{5}{6}$L
② ① 4　② $\frac{5}{8}$　③ 2
④ 7　⑤ $\frac{7}{6}$
③ ① =　② <　③ <　④ >
④ ① $\frac{4}{5}$　② $\frac{5}{9}$　③ 1
④ 1　⑤ $\frac{4}{7}$　⑥ $\frac{1}{4}$
⑦ $\frac{3}{6}$　⑧ $\frac{9}{10}$

てびき　①① 1mを10等分した7つ分になります。
② 1Lを4等分した2つ分になります。
③ 1Lを6等分した5つ分になります。
②② □にあてはまる数の分母にあたる数は、8です。
④ 1Lは$\frac{7}{7}$Lと表せるので、$\frac{1}{7}$Lの7こ分になります。
③③ $\frac{3}{10}$は1より小さい数です。3は1より大きいから、$\frac{3}{10}<3$となります。
④ 2を分母が10の分数で表すと、$\frac{20}{10}$です。$\frac{20}{10}>\frac{18}{10}$だから、$2>\frac{18}{10}$となります。
④③ $\frac{1}{8}+\frac{7}{8}=\frac{8}{8}=1$となります。
⑦ $1-\frac{3}{6}=\frac{6}{6}-\frac{3}{6}=\frac{3}{6}$となります。

77 ページ まとめのテスト

1 ❶ $\frac{1}{3}$m ❷ $\frac{5}{8}$L

2 3まい

3 ❶ ア $\frac{1}{8}$　イ $\frac{5}{8}$　ウ $\frac{7}{8}$　エ $\frac{9}{8}$

❷

```
0                          |
├──┼──┼──┼──┼──┼──┼──┼──┤
      ↑
```

4 ❶ ＞　　　❷ ＜　　　❸ ＝

5 ❶ 式 $\frac{4}{7}+\frac{2}{7}=\frac{6}{7}$　　　答え $\frac{6}{7}$m

❷ 式 $\frac{4}{7}-\frac{2}{7}=\frac{2}{7}$　　　答え $\frac{2}{7}$m

てびき **3** 1めもりの大きさを考えましょう。
0と1の間が8つに分かれているので、1め
もりの大きさは $\frac{1}{8}$ です。

エは、めもりが9こ分なので、$\frac{9}{8}$ になります。

4 ❶ $\frac{1}{10}$＝0.1 なので、$\frac{6}{10}$ は 0.6 になります。

0.6 は 0.1 の 6 こ分、0.5 は 0.1 の 5 こ分な
ので、$\frac{6}{10}$＞0.5 となります。

5 ❶ あわせた長さは、たし算でもとめます。
❷ 長さのちがいは、ひき算でもとめます。

⑭ □を使った式で表そう

78・79 ページ きほんのワーク

きほん1 25、32、7　　　答え 7
1 式 14＋□＝21　　　答え 7人
きほん2 19、46、65　　　答え 65
2 式 □－24＝18　　　答え 42本
3 式 □－490＝210　　　答え 700円
きほん3 9、72、8　　　答え 8
4 ❶ □×4＝40
❷ 式 40÷4＝10　　　答え 10円
5 式 8×□＝32　　　答え 4まい

てびき 図に表して考えます。□にあてはまるの
は数だから、人、本、円などはつけなくてもよ
いです。

---

❶

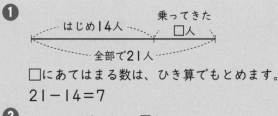

□にあてはまる数は、ひき算でもとめます。
21－14＝7

❷

□にあてはまる数は、たし算でもとめます。
18＋24＝42

❸

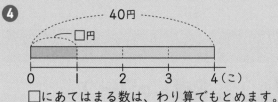

□にあてはまる数は、たし算でもとめます。
210＋490＝700

❹

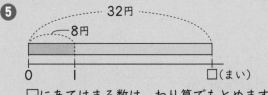

□にあてはまる数は、わり算でもとめます。
40÷4＝10

❺

□にあてはまる数は、わり算でもとめます。
32÷8＝4

80 ページ 練習のワーク

❶ ❶ 式 58＋□＝73　　　答え 15（箱）
❷ 式 □－300＝500　　　答え 800（円）
❸ 式 □×3＝27　　　答え 9（本）
❹ 式 6×□＝42　　　答え 7（箱）
❷ ❶ 190　❷ 72　❸ 8　❹ 8

てびき **❶** ❶ 今日つくった数を□箱とします。

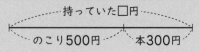

□にあてはまる数は、ひき算でもとめます。
73－58＝15
❷ 持っていたお金を□円とします。

□にあてはまる数は、たし算でもとめます。
500＋300＝800

❸ | 人に配ったえんぴつの数を□本とします。
□にあてはまる数は、わり算でもとめます。
27÷3=9
❹ 箱の数を□箱とします。
□にあてはまる数は、わり算でもとめます。
42÷6=7
❷ ❶ 400−210=190
❷ 32+40=72
❸ 48÷6=8
❹ 72÷9=8

81ページ まとめのテスト

❶ ❶ 式 □+10=23　　　　　答え 13(こ)
❷ 式 300−□=214　　　　答え 86(まい)
❸ 式 150+□=700　　　　答え 550(mL)
❹ 式 6×□=24　　　　　答え 4(人)
❺ 式 □×8=48　　　　　答え 6(こ)

てびき ❶ 図に表して考えます。

❶
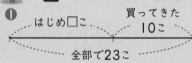
□にあてはまる数は、ひき算でもとめます。
23−10=13

❷
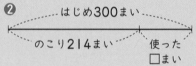
□にあてはまる数は、ひき算でもとめます。
300−214=86

❸
700mL
はじめ　くわえた□mL
150mL
□にあてはまる数は、ひき算でもとめます。
700−150=550

❹
24さつ
6さつ
0　　1　　　　□(人)
□にあてはまる数は、わり算でもとめます。
24÷6=4

❺
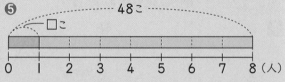
□にあてはまる数は、わり算でもとめます。
48÷8=6

⑮ 倍の計算を考えよう

82・83ページ きほんのワーク

きほん1 2、70　　　　　　　答え 70
❶ 式 72×3=216　　　　　答え 216円
きほん2 7、4　　　　　　　答え 4
❷ 式 18÷6=3　　　　　　答え 3倍
きほん3 12、3　　　　　　答え 3
❸ 式 40÷5=8　　　　　　答え 8cm
❹ 式 72÷8=9　　　　　　答え 9こ

てびき ❷ 何倍になるかをもとめるときは、わり算を使います。

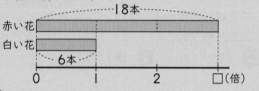

❸ もとにする大きさをもとめるときは、わり算を使います。

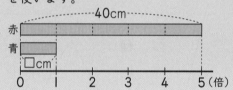

84ページ 練習のワーク

❶ 式 46×3=138　　　　　答え 138m
❷ 式 21÷3=7　　　　　　答え 7倍
❸ 式 32÷4=8　　　　　　答え 8倍
❹ 式 45÷5=9　　　　　　答え 9まい
❺ 式 40÷5=8　　　　　　答え 8才

てびき ❶ 何倍にあたる大きさをもとめるときは、かけ算を使います。

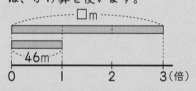

❷ ❸ 何倍になるかをもとめるときは、わり算を使います。
❹ ❺ 何倍かしたもとにする大きさをもとめるときは、わり算を使います。

85ページ まとめのテスト

❶ 式 35×7=245　　　　　答え 245cm
❷ 式 56÷8=7　　　　　　答え 7倍
❸ 式 63÷7=9　　　　　　答え 9倍
❹ 式 45÷9=5　　　　　　答え 5円

5 式 27÷3＝9　　　　　　　　答え 9 L

てびき **1** 35cm の 7 倍の大きさをもとめます。

2 3 何倍かは、わり算でもとめます。

4 5 もとにする大きさは、わり算でもとめます。

⑯ 三角形と角を調べよう

きほんのワーク

きほん**1** い、え、あ、う、お　　　　答え い、え、あ

1 ① 二等辺三角形

　　② 正三角形

2 二等辺三角形…あ、え

　　正三角形…い、か

きほん**2** 答え　　　　　　　**3 ①**

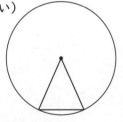

　　②

　　③

4 （れい）

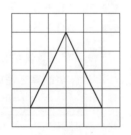

たしかめよう!

4 1つの円では、半径はみんな同じ長さになります。

きほんのワーク

きほん**1** ⑦、⑦　　　　　　　　答え ⑦

1 ① ⑦　　　　　**②** ⑦と⑦　　　　**③** ⑦

　　④ ⑦と⑦は、⑦に○

　　　　⑦と⑦は、⑦に○

　　　　⑦と⑦は、⑦に○

2 （左から）⑦、⑦、⑦、⑦、⑦

きほん**2** ⑦、⑦、⑦（または⑦、⑦、⑦）

答え ⑦、⑦、⑦（または⑦、⑦、⑦）

3 ① 二等辺三角形

　　② 正三角形

　　③ 二等辺三角形　または　直角三角形

きほん**3** 答え

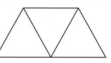

4 ① 二等辺三角形　または　直角三角形

　　② 正三角形

てびき **①** 2まいの三角じょうぎの角を重ねて、大きさをくらべましょう。

② 角の大きさは、辺の開きぐあいだけできまります。

③ 同じ形の三角じょうぎをならべているので①と③は 2 つの角が等しくなっています。三角じょうぎの角をあてて調べると、②は 3 つの角が等しくなっていることがわかります。

練習のワーク

1 あ △　　　　　　　　い ✕

　　う ○　　　　　　　　え △

　　お ✕　　　　　　　　か ○

2 （れい）

3 （左から）⑦、⑦、⑦、⑦

4 4 まい

てびき **4** しきつめると下のようになります。

まとめのテスト

1 ①

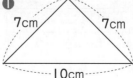
7cm　　7cm
10cm

　　②

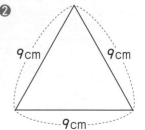
9cm　　9cm
9cm

2 あ 二等辺三角形
　　い 二等辺三角形
　　う 正三角形
3 ① 3　　　　② 2　　　　③ 2
4 ① 正三角形
　　② あ 4cm　　　　い 4cm

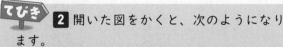
てびき **2** 開いた図をかくと、次のようになります。

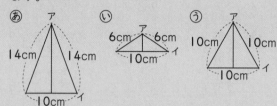

あ　ア　14cm　14cm　10cm　イ
い　6cm　ア　6cm　10cm　イ
う　ア　10cm　10cm　10cm　イ

4 図の三角形のアイ、イウ、ウアの長さはどれも半径の2倍で、3つの辺の長さは、みんな同じです。

---

⑰ かけ算の筆算のしかたをさらに考えよう

92·93 ページ　きほんのワーク

きほん1 18、180、28、280　　答え180、280
① ① 80　　　② 350　　　③ 690
　　④ 720　　　⑤ 4160　　　⑥ 6300
　　⑦ 8000　　⑧ 24000
② 式 3×50=150　　　　答え150こ
③ 式 76×20=1520　　　答え1520円
きほん2 2、6 ➡ 3、9 ➡ 4、1、6
　　　　4、0、5 ➡ 1、3、5 ➡ 1、7、5、5
　　　　　　　　　　　　　　答え416、1755

④ ①
```
   22
 ×13
   66
  22
  286
```
②
```
   82
 ×59
  738
 410
 4838
```
③
```
   58
 ×63
  174
 348
 3654
```

④
```
   46
 ×27
  322
  92
 1242
```
⑤
```
   39
 ×82
   78
 312
 3198
```

⑤ 式 28×35=980　　　答え980まい

てびき **①**② 7×50の答えは、7×5の答えの10倍です。35の右に0を1つつけた数になります。

④ 36× 2 = 72
　　↓10倍する　↓10倍になる
　　36×20=720

---

⑥ 9 × 7 = 63
　↓10倍する　↓10倍する　↓100倍になる
　90×70=6300
⑧ 8 × 3 = 24
　↓100倍する　↓10倍する　↓1000倍になる
　800×30=24000
③ 76×20=76×2×10=152×10
　=1520 と考えることができます。

94·95 ページ　きほんのワーク

きほん1 1、4、7、1、4、7、0 ⇨ 1、4、7
　　3、5、0、4、0、0、4、3、5、0
　　⇨ 4、3、5、0　　　答え1470、4350
① ① 3150　　② 273　　③ 2700
きほん2 3、2、4、1 ➡ 2、3、1、5
　　➡ 2、6、3、9、1　　　答え26391

② ①
```
   133
 × 23
   399
  266
  3059
```
②
```
   343
 × 12
   686
  343
  4116
```
③
```
   239
 × 48
  1912
  956
 11472
```

④
```
   417
 × 52
   834
 2085
 21684
```
⑤
```
   832
 × 69
  7488
 4992
 57408
```
⑥
```
   675
 × 84
  2700
 5400
 56700
```

⑦ 26574　　⑧ 19344　　⑨ 47120
③ 式 785×15=11775　　答え11775円
④ 式 508×30=15240　　答え15240こ

てびき **①**① 筆算では、かける数の一の位が0のときは、0をかける計算をかかずにはぶくことができます。②、③はかけられる数とかける数を入れかえて計算します。

①
```
   63
 ×50
 3150
```
②
```
   39
 × 7
  273
```
③
```
   45
 ×60
 2700
```

② ⑦
```
   309
 × 86
  1854
 2472
 26574
```
⑧
```
   208
 × 93
   624
 1872
 19344
```
⑨
```
   760
 × 62
  1520
 4560
 47120
```

96 ページ　練習のワーク

① ① 180　　② 1500　　③ 560
　　④ 3200
② ①
```
   24
 ×32
   48
  72
  768
```
②
```
   26
 ×30
  780
```
③
```
   324
 × 73
   972
 2268
 23652
```

19

④
```
    304
×    50
  15200
```
⑤
```
    29
×   23
    87
   58
   667
```
⑥
```
    47
×   80
  3760
```
⑦
```
    143
×    53
    429
   715
   7579
```
⑧
```
    790
×    68
   6320
  4740
  53720
```

❸ 式 32×15＝480　　　　答え 480円
❹ 式 247×35＝8645　　　答え 8645まい
❺ ①
```
    36
×    9
   324
```
②
```
    54
×   70
  3780
```
③
```
    70
×   60
  4200
```
④
```
    403
×    90
  36270
```

てびき

❶③ 8×70は、8×7の10倍だから、8×7の答えの右に、0を1つつけます。
④ 40×80は、4×8の10×10＝100で100倍だから、4×8の答えの右に、0を2つつけます。
❷ かける数の一の位が0のとき、0のかけ算は、はぶくことができます。
② かける数の一の位が0なので、0のかけ算は、はぶくことができます。一の位に0をかいて、次に26×3の計算結果を十の位からかきます。
④ 一の位に0をかいて、次に304×5の計算結果を十の位からかきます。
⑥ 一の位に0をかいて、次に47×8の計算結果を十の位からかきます。
❺① かけ算では、かけられる数とかける数を入れかえても答えは同じなので、36×9として筆算をします。
② かける数とかけられる数を入れかえてから筆算をします。0のかけ算はかかずにはぶくことができるので、一の位に0をかいて、次に54×7の計算結果を十の位からかきます。

ーーー

❸ ① 6、3
② 3、4、1、1
③ 2、5、1、5、0、1、7、2
❹ 式 440×32＝14080　　　答え 14080円

てびき

❶ 筆算は次のようになります。
①
```
    92
×   60
  5520
```
②
```
    23
×   43
    69
   92
   989
```
③
```
    35
×   16
   210
   35
   560
```
④
```
    57
×   34
   228
  171
  1938
```
⑤
```
    432
×    12
    864
   432
   5184
```
⑥
```
    329
×    73
    987
  2303
  24017
```
⑦
```
    800
×    36
   4800
  2400
  28800
```
```
     36
×   800
  28800
```
上のように計算してもよいです。
⑧
```
    703
×    54
   2812
  3515
  37962
```
⑨
```
    608
×    90
  54720
```

❸ このような問題を「虫くい算」といいます。かけ算の九九を使って、あいているところにあてはまる数を考えます。
①
```
    ㋐3
×   ㋑2
   126
  189
  2016
```
2×㋐＝12より㋐は6、㋑×3＝9より㋑は3とわかります。
②
```
    47
×  ㋒㋓
   188
  □41
  □598
```
7のだんの九九で一の位が8になるのは、7×4＝28より㋓は4、同じように、7のだんの九九で一の位が1になるのは7×3＝21より㋒は3です。
③
```
    ㋔㋕
×   69
   225
  □□□
  □□□5
```
9のだんの九九で一の位が5になるのは、9×5＝45より㋔は5、この九九で4くり上がっているので22−4＝18より、9×㋕＝18　㋕は2です。

97ページ まとめのテスト
❶ ① 5520　② 989　③ 560
④ 1938　⑤ 5184　⑥ 24017
⑦ 28800　⑧ 37962　⑨ 54720
❷ 式 53×27＝1431　　　答え 14m31cm

20

⑱ そろばんで計算しよう

98・99ページ **きほんのワーク**

きほん① 2、8、5、4、285.4　　　答え285.4

❶ ❶ 1701　　❷ 4.6

きほん② 答え86

❷ ❶ 79　　❷ 46　　❸ 7万

❹ 6.5

きほん③ 答え22

❸ ❶ 25　　❷ 51　　❸ 4万

❹ 3.4

きほん④ 答え16、7

❹ ❶ 42　　❷ 15万　　❸ 52

❹ 1.5

100ページ **練習のワーク**

❶ 百、十、一、$\frac{1}{10}$

❷ ❶ 51　　❷ 306　　❸ 9070

❹ 28.4

❸ ❶ 95　　❷ 23　　❸ 71

❹ 39　　❺ 9.8　　❻ 1.9

❼ 6　　❽ 4.2　　❾ 11万

❿ 12万　　⓫ 6万　　⓬ 5万

101ページ **まとめのテスト**

1 ❶ 80629　　❷ 340.7

2 ❶ 49　　❷ 95　　❸ 95

❹ 90　　❺ 81　　❻ 94

❼ 62　　❽ 46　　❾ 43

❿ 33　　⓫ 32　　⓬ 48

3 ❶ 11万　　❷ 12万　　❸ 4万

❹ 1.3　　❺ 0.5　　❻ 3.3

● 3年のふくしゅう

102ページ **まとめのテスト①**

1 ❶ 3604000　　❷ 27000、27

❸ <　　❹ >

2 ❶ 902　　❷ 1470　　❸ 7014

❹ 3811　　❺ 474　　❻ 534

❼ 1378　　❽ 4207　　❾ 6929

3 ❶ 177　　❷ 460　　❸ 2520

❹ 27360　　❺ 21758　　❻ 8あまり4

❼ 7あまり1　　❽ 10　　❾ 31

てびき 1 ❶ 0になる位に気をつけましょう。

```
3 0 0 0 0 0 0 ←100万を3こ
  6 0 0 0 0 0 ←10万を6こ
      4 0 0 0 ←1000を4こ
3 6 0 4 0 0 0
```

❷ 数を100倍すると、位が2つ上がり、もとの数の右に0を2つつけた数になります。
数を10でわると、位が1つ下がり、一の位の0をとった数になります。

❸ 百万、十万の位の数字はそれぞれ5、7で同じだから、一万の位の数字でくらべます。
一万の位の数字は、8<9 です。

❹ 720万+280万=1000万
1000万>100万　です。

2 たし算やひき算の筆算は位をそろえてかき、一の位からじゅんに計算します。くり上がりやくり下がりに気をつけて計算します。

```
❶   3 2 8      ❷   6 4 9      ❸   4 6 2 1
  + 5 7 4        + 8 2 1        + 2 3 9 3
    9 0 2        1 4 7 0          7 0 1 4
```

```
❹   2 0 1 0    ❺   7 4 3      ❻   9 0 2
  + 1 8 0 1      - 2 6 9        - 3 6 8
    3 8 1 1        4 7 4          5 3 4
```

```
❼   6 3 0 5    ❽   5 0 0 1    ❾   7 8 9 2
  - 4 9 2 7      -   7 9 4       -   9 6 3
    1 3 7 8        4 2 0 7        6 9 2 9
```

3 筆算は次のようにします。

```
❹     9 1 2    ❺       5 0 6
    ×   3 0      ×     4 3
    2 7 3 6 0      1 5 1 8
                   2 0 2 4
                   2 1 7 5 8
```

❾ わられる数の62を60と2に分けて考えます。

60÷2=30

2÷2=1　　あわせて、30+1=31

21

1 ア $\frac{3}{10}$　　　イ 0.5　　　ウ 0.7

2 ❶ 9　　　❷ 11.6　　　❸ 2.8

　❹ 5.3　　　❺ $\frac{8}{9}$　　　❻ $\frac{8}{10}$

　❼ $\frac{3}{7}$　　　❽ $\frac{5}{8}$

3 ❶ 45分後の時こく…午後4時15分

　　　45分前の時こく…午後2時45分

　❷ 1時間30分

4 ❶ 5000　　❷ 2、70　　❸ 3180

　❹ 1.8　　　❺ 4000　　❻ 160

てびき

1 数直線の1めもりは、0と1の間を10こに分けているので、小数で表すと0.1、分数で表すと $\frac{1}{10}$ になります。

2 小数のたし算やひき算の筆算は位をそろえてかくことがたいせつです。

❷の7や❹の8は、7.0や8.0と考えて計算します。答えの小数第一位が0になったときは、0と小数点を消します。

❶　3.8
　＋5.2
　────
　9.0

❷　7
　＋4.6
　────
　11.6

❹　8
　－2.7
　────
　5.3

❻ $\frac{6}{10} + \frac{2}{10} = \frac{8}{10}$

❽ $1 - \frac{3}{8} = \frac{8}{8} - \frac{3}{8} = \frac{5}{8}$

3 ❶

4 ❶ 1km＝1000mです。

❷ 2070m＝2000m＋70m
　　　　　＝2km70m

❸ 1kg＝1000gだから、
　　3kg180g＝3000g＋180g
　　　　　　＝3180g

❹ 1000g＝1kgで、100g＝0.1kgです。
　　1800g＝1000g＋800g
　　　　　＝1kg＋0.8kg
　　　　　＝1.8kg

❺ 1t＝1000kgだから、4t＝4000kg

❻ 1分＝60秒だから、2分＝120秒
　　2分40秒＝120秒＋40秒
　　　　　　＝160秒

1 32cm

2 ❶
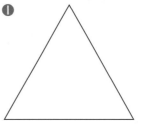

❷

名前…正三角形　　　　　名前…二等辺三角形

3
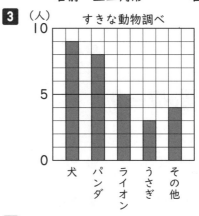

（人）　すきな動物調べ

犬　パンダ　ライオン　うさぎ　その他

4 式 □＋12＝47　　　　　答え 35（まい）

てびき

1 直径の2こ分の長さが64cmです。

4 □＋12＝47より、47－12＝35

たしかめよう！

2 ❶ 3つの辺の長さが等しいので、正三角形です。

❷ 2つの辺の長さが等しいので、二等辺三角形です。

3 ぼうグラフに表すときは、人数の多いじゅんにならべます。その他は、数が多くても最後にします。

夏休みのテスト①

1 ❶ 0　　　❷ 20　　　❸ 150
2 ❶ 9　　　❷ 14、4、28、42
3 ❶ 9　　　❷ 7　　　❸ 10
4 ❶ 式 35÷5＝7　　　　　答え 7cm
　　❷ 式 35÷7＝5　　　　　答え 5本
5 45分間
6 ❶ 360　　　❷ 1、10
7 ❶ 1150　　❷ 5901　　❸ 292
　　❹ 5808
8 式 5000－3568＝1432　　答え 1432円
9

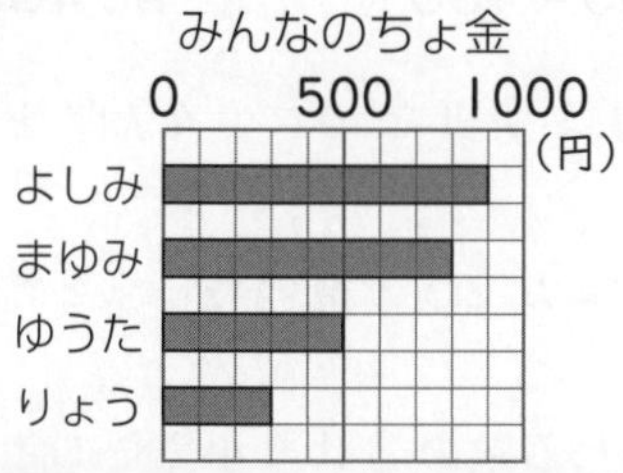

みんなのちょ金

よしみ
まゆみ
ゆうた
りょう

てびき **9** 横のじくのめもりは、いちばん多い900円がかけるようにすればよいので、1めもり100円にします。

夏休みのテスト②

1 ❶ 0　　　❷ 70　　　❸ 3200
　　❹ 0　　　❺ 1　　　❻ 31
2 ❶ 8　　　❷ 2
3 ❶ 式 27÷3＝9　　　　　答え 9人
　　❷ 式 27÷9＝3　　　　　答え 3こ
4 ❶ 300　　❷ 1、25
5 午後2時30分
6 式 875－658＝217　　　答え 217まい
7 ❶ � 35　　⓲ 34　　⓳ 31　　⓴ 30　　⓵ 32
　　　⓶ 38　　⓷ 100
　　❷ 西町
8 ❶ 答え 6あまり2　　たしかめ 6×6＋2＝38
　　❷ 答え 5あまり3　　たしかめ 9×5＋3＝48
9 式 28÷6＝4あまり4　4＋1＝5　答え 5台

てびき **4** 1分＝60秒です。
7 ⓷は、1組・2組・3組の合計でもあり、東町・中町・西町の合計でもあるので、どちらで計算しても同じ答えになります。

冬休みのテスト①

1 ❶ 72051064　　❷ 832000
　　❸ 100000000　❹ 5260
2 きょり…750m　　道のり…1km100m
3 ❶ 4000　　❷ 7
　　❸ 3100　　❹ 4、150
4 6cm
5 ❶ 78　　❷ 336　　❸ 819
　　❹ 3647
6 ❶ 8、2　　❷ 6.1
7 ❶ 3.1　　❷ 8.6　　❸ 3.3　　❹ 0.7
8 ❶ 8000　　❷ 2000　　❸ 2500
　　❹ 6、450
9 ❶ $\frac{3}{6}$　　❷ $\frac{6}{7}$　　❸ $\frac{5}{9}$　　❹ $\frac{8}{10}$

てびき **2** 道のりは 300m＋800m＝1100m です。
4 この円の直径は、正方形の1辺の長さと等しいので、12cm です。
8 1kg＝1000g、1t＝1000kg です。

冬休みのテスト②

1 ㋐ 7400万　㋑ 8700万　㋒ 9500万
　　㋓ 1億
2 ❶ 148　　❷ 588　　❸ 410
　　❹ 1676　　❺ 2328　　❻ 4832
3 式 1200－800＝400　　　答え 400m
4 ㋐ 12cm　　㋑ 18cm
5 ❶ 420g　　❷ 2kg700g（2700g）
6 ❶ 9.3　　❷ 6.8　　❸ 1.6　　❹ 1.8
　　❺ 1　　　❻ $\frac{6}{10}$
7 ❶ 式 $\frac{3}{7}+\frac{2}{7}=\frac{5}{7}$　　　　答え $\frac{5}{7}$m
　　❷ 式 $\frac{3}{7}-\frac{2}{7}=\frac{1}{7}$　　　　答え $\frac{1}{7}$m

てびき **1** いちばん小さい1めもりは、10こで1000万になる数だから100万を表します。
3 1km200m＝1200m です。
4 箱の㋐の長さはボールの直径の2こ分の長さで、㋑の長さは直径の3こ分の長さです。

学年末のテスト①

1 ❶ 0　　❷ 50　　❸ 266
❹ 1176　　❺ 41　　❻ 8 あまり 5
❼ 822　　❽ 386

2 20 分間

3 式 84÷9=9 あまり 3
　　9+1=10　　　　　　答え 10 日

4 ❶ 2、750　　❷ 8030

5 ❶ 7.3　　❷ 7　　❸ 0.9
❹ 1.9　　❺ $\frac{6}{7}$　　❻ $\frac{4}{5}$

6 ❶ 正三角形
❷ 二等辺三角形

7 ❶ 3478　　❷ 3995　　❸ 14712
❹ 44384

8 式 □+23=50　　答え 27（まい）

> **てびき**
> **1** ❺ $82\begin{cases}80÷2=40\\2÷2=\ 1\end{cases}$ より、41
> **4** ❶ 1 km=1000m です。
> **5** ❻ $1-\frac{1}{5}=\frac{5}{5}-\frac{1}{5}=\frac{4}{5}$
> **8** □=50-23=27

学年末のテスト②

1 式 24÷4=6　　　　答え 6 倍

2 ❶ ㋐ 23　㋑ 13　㋒ 36　㋓ 14　㋔ 7
㋕ 21　㋖ 37　㋗ 20　㋘ 57
❷ 57 台

3 5800、58000、580000、58

4 しょうりゃく

5 式 1200-300=900　　答え 900g

6 二等辺三角形

7 ❶ 64　　❷ 4745　　❸ 8878
❹ 39445

8 式 63÷□=7　　　　答え 9（人）

> **てびき**
> **2** ❷ 表の㋗に入る数が、10 分間に、校門の前の道を通った乗用車とトラックの台数の合計になります。
> **3** 数を 10 倍すると、位が 1 つ上がります。また、一の位が 0 の数を 10 でわると、位が 1 つ下がります。
> **5** 1kg200g を 1200g として考えます。
> **6** 三角形の 2 つの辺の長さは、円の半径の長さと等しくなります。2 つの辺の長さが等しいので、二等辺三角形です。

まるごと 文章題テスト①

1 式 49÷7=7　　　　　　答え 7 問

2 式 80÷8=10　　　　　答え 10 本

3 午前 7 時 50 分

4 ❶ 式 2194+1507=3701　答え 3701 まい
❷ 式 2194-1507=687　答え 687 まい

5 式 76÷8=9 あまり 4
　　　　　答え 9 本になって、4 本あまる。

6 式 237×5=1185　　答え 1185m

7 式 2.5-1.6=0.9
　　　　　答え やかんが 0.9L 多くはいる。

8 式 $\frac{3}{5}+\frac{2}{5}=1$　　　　答え 1m

9 式 155×23=3565
　　4000-3565=435　　答え 435 円

> **てびき**
> **1** 1 週間は 7 日なので、49 問を 7 つに分けます。
> **3** 午前 8 時 15 分より 25 分前の時こくを考えます。
> **5** あまった本数がわる数の 8 より小さいことをたしかめましょう。
> **9** まず、買ったボールペンの代金をもとめます。

まるごと 文章題テスト②

1 式 400×3=1200　　　　答え 1200 円

2 式 28÷7=4　　　　　　答え 4 つ

3 式 42÷7=6　　　　　　答え 6 倍

4 式 8524-4897=3627　答え 3627 こ

5 式 6300÷10=630　　　答え 630 まい

6 式 60÷7=8 あまり 4　　答え 8 本

7 式 8.3+3.8=12.1　　答え 12.1cm

8 式 1400-450=950　　答え 950g

9 式 $\frac{7}{9}-\frac{2}{9}=\frac{5}{9}$　　答え $\frac{5}{9}$ L

10 式 28×52=1456　　答え 14m56cm

> **てびき**
> **5** 6300 まいを 10 のたばに分けるので、6300÷10 です。一の位が 0 の数を 10 でわると、位が 1 つ下がります。
> **6** あまりの 4dL では 7dL はいったびんはつくれないので、あまりは考えません。
> **7** 38mm=3.8cm です。単位をそろえてから計算します。8.3cm を 83mm として計算して、答えを cm になおすしかたもあります。
> **8** 1kg400g を 1400g として考えます。
> **10** 答えをかくときの単位に気をつけましょう。

3 2 1 0 9 8 7 6 5 4
＊ ＊ D C B A